Tanja Föhr

Pick-up Feedback für Führungskräfte

Wissen und Methoden für eine eigenverantwortliche Feedback- und Lernkultur

managerSeminare Verlags GmbH, Edition Leadership kompakt

Tanja Föhr

Pick-up Feedback für Führungskräfte

Wissen und Methoden für eine eigenverantwortliche Feedback- und Lernkultur

2. Aufl. 2023

Endenicher Str. 41, D-53115 Bonn
Tel: 0228 / 9 77 91-0, Fax: 0228 / 9 77 91-99
E-Mail: info@managerseminare.de
www.managerseminare.de/shop

ISBN: 978-3-95891-091-1

Herausgeber der Edition managerSeminare:
Ralf Muskatewitz, Jürgen Graf, Nicole Bußmann

Lektorat und Satz: Vera Sleeking
Covermotiv und Grafiken: Tanja Föhr
Druck: Druckkontor Emden, Emden

Klimaneutral
Druckprodukt
ClimatePartner.com/14153-2102-1001

Aufbau vom Buch

Basics
Feedback als Führungstool

Warum wir Feedback neu denken sollten

Die 5 Arten des Pick-up Feedbacks

Methoden + Tipps

Upgrade
Wissenswertes

Rund um Feedback

Inhaltsverzeichnis

ICH WARTE NICHT,
ICH HOLE
MIR mein
FEEDBACK
zum Besserwerden

Wir müssen Feedback anders denken

Viele Bücher, Beiträge und Erklärfilme legen ihren Schwerpunkt auf das Geben von Feedback. Der Feedback-Nehmende* wird dann insofern berücksichtigt, dass er das Feedback als Chance für die berufliche und persönliche Entwicklung sehen soll. Und obwohl dieser alte Ansatz *„So gebe ich richtig Feedback. Nutze Ich-Botschaften und Wertschätzung"* meines Erachtens nicht besonders erfolgreich ist, hält man daran fest. Dann wird Feedback gegeben, das zwar die Form erfüllt, aber kaum konstruktiven Effekt hat.

In diesem Buch erkläre ich deswegen, wie Sie Feedback über Floskeln hinaus wirksam und lernförderlich gestalten und vor allem möchte ich Ihnen einen neuen Weg nahebringen: Drehen Sie Feedback um! **„Man holt sich Feedback!"** Warum?

- Wir sind selber für unsere berufliche und persönliche Entwicklung verantwortlich. Niemand sonst.

Und wenn Sie dem so zustimmen, dann ergeben sich daraus weitere folgende Aussagen:

- Sie entscheiden (in den allermeisten Fällen), was Sie lernen wollen und wann.
- Wenn Sie dafür Feedback brauchen, dann holen Sie es sich.
- Sie entscheiden, von wem Sie Feedback bekommen wollen.
- Sie entscheiden, wann Sie Feedback brauchen.
- Sie entscheiden, welche Art von Feedback Sie brauchen.

* Aus Gründen der Lesbarkeit wird das generische Maskulinum verwendet. Selbstverständlich sind alle Geschlechter gemeint. Um das zu unterstreichen, wechselt sich bei den Methoden-Anleitungen weibliches und männliches „Personal" ab.

Feedback geben umdrehen
in Feedback holen

Entdecken Sie auf den folgenden Seiten zunächst die **Basics**; wie Sie selbst Feedback konstruktiv gestalten und welcher Umgang mit Fehlern tatsächlich zu Entwicklung führt (ab S. 10).

Dazu lernen Sie im nächsten Kapitel verschiedene **praktische Methoden** kennen, mit denen Sie Feedback aktiv und gezielt einholen: Pick-up Feedback. Pick-up Feedback gliedert sich in 5 Arten, zu denen Ihnen dieses Buch eine Auswahl von 22 Methoden zur Verfügung stellt – inklusive digitaler Umsetzung (ab S. 26).

Das darauf folgende **Upgrade** verbessert den Einsatz von Feedback. Das Wissen über häufige Wahrnehmungsverzerrungen verhilft Ihnen zunächst zu einer realistischeren Lage-Einschätzung. Dazu wird erläutert, wie Sie optimale Rahmenbedingungen für Feedback gestalten. Und schließlich geht es um den entscheidenden Schritt: eine neue Feedback-Kultur zu beginnen. Motivieren Sie Mitarbeitende, Kollegen und Kolleginnen, es Ihnen gleichzutun (ab S. 104).

Zusätzliche Ressourcen zu diesem Buch erhalten Sie online: Dieses Pfeil-Icon zeigt an, wenn zu einer Methode Material vorhanden ist, das Sie sich herunterladen können. So können Sie es ausdrucken und direkt selbst einsetzen. Möchten Sie auf die Download-Ressource zugreifen, dann geben Sie folgenden Link in die Browser-Zeile ein und folgen dann der Download-Routine: **https://www.managerseminare.de/tmdl/b,281161**

Damit kann es jetzt auch losgehen. Viel Erfolg beim Ausprobieren!

Tanja Föhr

BASICS

FEEDBACK ALS FÜHRUNGSTOOL

FEEDBACK

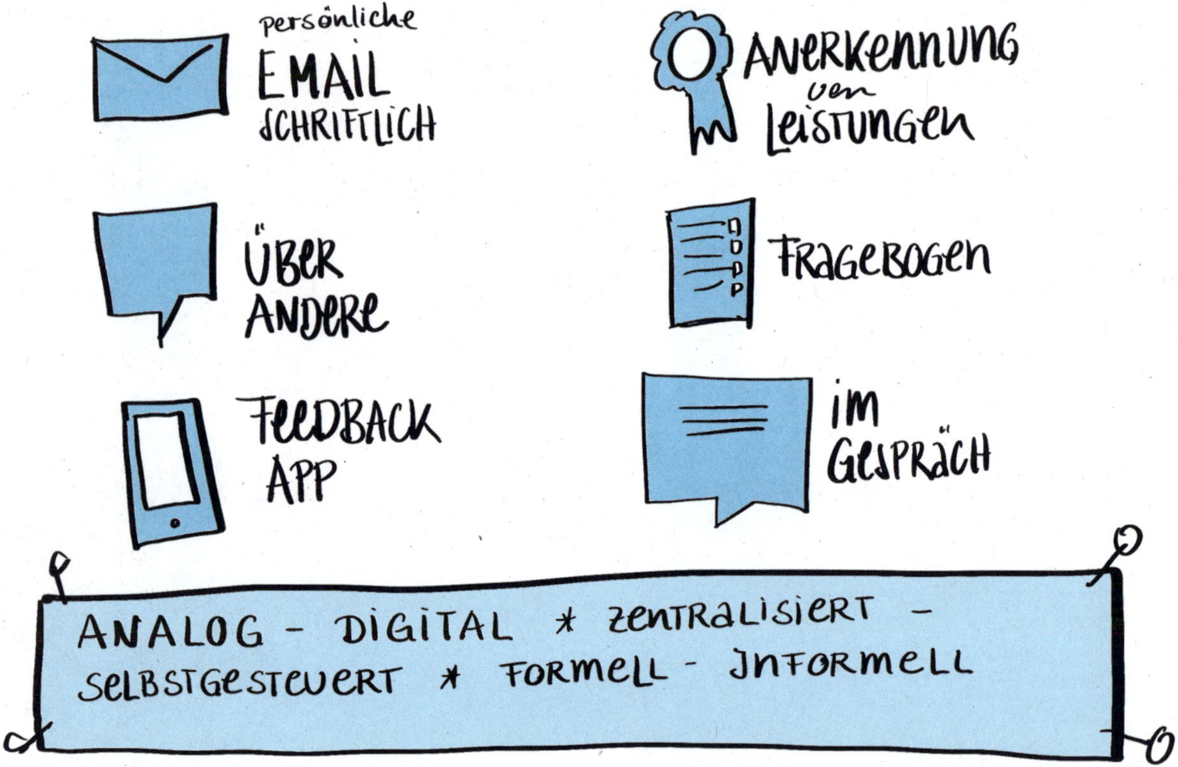
persönliche
EMAIL
SCHRIFTLICH
ANERKENNUNG
von
LEISTUNGEN
ÜBER
ANDERE
FRAGEBOGEN
FEEDBACK
APP
im
GESPRÄCH
ANALOG - DIGITAL * ZENTRALISIERT -
SELBSTGESTEUERT * FORMELL - INFORMELL

„Das hat mir jetzt wirklich geholfen“-Feedback

Feedbacks sind Rückmeldungen, die Führung auf verschiedene Weise beeinflussen. Wir wollen uns und das Verhalten von anderen Menschen verändern.

- Arbeitsprozesse sollen „besser“ ablaufen und Beziehungen geklärt werden.
- „Positive“ Verhaltens- und Denkweisen sollen gestärkt werden.
- Unser Selbstbild und unsere Arbeitsprozesse sollen geprüft und weiterentwickelt werden.

Für Unternehmen spielt Feedback eine grundlegende Rolle dabei, sich auf Veränderung einzustellen und sich zukunftsfähig zu entwickeln – gerade vor dem Hintergrund der schnellen Entwicklung und enormen Veränderung der digitalisierten, globalisierten Arbeitswelt. Für Führungskräfte bedeutet das, sie stehen vor der Herausforderung, neue Organisationsformen und ein neues Rollenverständnis zu leben und dabei die Mitarbeitenden in Eigenverantwortung und Selbstorganisation zu stärken. Das hier vorgestellte Konzept von Feedback unterstützt sie genau darin.

Dabei betrifft Feedback nicht nur Vorgesetzte und Mitarbeiter. Feedback-Gebende und -Empfangende können genauso gut Mitarbeitende, Kollegen, die Belegschaft, Kunden und Lieferanten und auch Stakeholder und die Öffentlichkeit sein. Es können Einzelpersonen, das Team, ein Bereich im Unternehmen oder das Unternehmen selbst sein.

Anweisungen nicht als Feedback verpacken

OK?

Aus den oben genannten Gründen ist Feedback ein Thema, was in vielen Organisationen ganz oben auf der Agenda steht – das dann aber im Keller vor sich hindümpelt und viele unzufrieden macht. – Woran liegt das?

Nun, Feedback ist etwas sehr Persönliches. Feedback löst immer ein Gefühl aus. Beim Feedback-Gebenden und -Nehmenden. Feedback macht uns verletzlich und froh und lässt uns selten gleichgültig. Oft sind wir lieber Feedback-Geber als -Nehmer. Dann, wenn wir unzufrieden mit den Verhaltensweisen von anderen sind oder wenn wir begeistert sind, von dem, was der andere gemacht hat. Manchmal ist es nicht mal richtiges Feedback, was wir da geben, sondern nur als solches „verpackt".

Feedback ist ein ergebnisoffener Prozess und eine subjektive Sicht (ausgenommen die Evaluation). Sie können beim Geben von Feedback Wünsche äußern oder Ziele formulieren, die Raum geben zum gemeinsamen Ausgestalten. Sie können Ihre Bedürfnisse und Ihre Ansprüche formulieren.

Aber Sie können nicht bestimmen, dass der andere diese annimmt und befolgt. Es sei denn Sie geben eine Anweisung: *„Du machst das zukünftig so!"* Das ist etwas anderes, aber wie gesagt kein Feedback im eigentlichen Sinn. Wenn Sie als Führungskraft nur eine Anweisung geben wollen, dann geben Sie eine und verpacken das nicht als „unechtes Feedback".

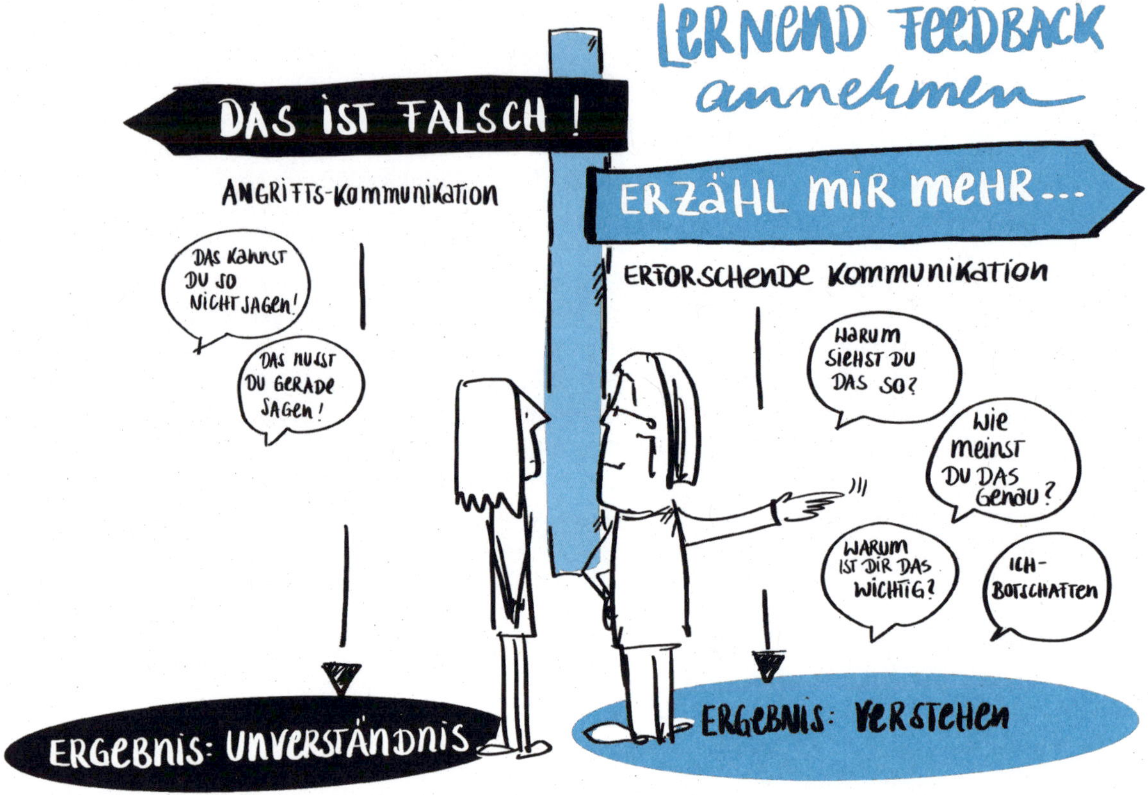
Lernend Feedback annehmen
DAS IST FALSCH!
ANGRIFFS-KOMMUNIKATION
DAS KANNST DU SO NICHT SAGEN!
DAS MUSST DU GERADE SAGEN!
ERGEBNIS: UNVERSTÄNDNIS
ERZÄHL MIR MEHR...
ERFORSCHENDE KOMMUNIKATION
WARUM SIEHST DU DAS SO?
WIE MEINST DU DAS GENAU?
WARUM IST DIR DAS WICHTIG?
ICH-BOTSCHAFTEN
ERGEBNIS: VERSTEHEN

Negatives Feedback: Lassen Sie es!

Bei einem negativen Feedback-Gespräch kann sehr viel schiefgehen und das tut es oft (Vgl. Kluger & DeNisi 1996). Zum einen liegt der Feedback-Gebende nicht immer richtig, über Denkfallen und Wahrnehmungsverzerrungen stolpern wir alle (s. S. 107). Die Wahrscheinlichkeit, dass Sie bei der Beurteilung von Mitarbeitenden nicht richtigliegen, ist sehr hoch.

Zum anderen kommt hinzu, dass „1/3 der Feedback-Interventionen nachweislich zu Leistungsverschlechterung führen" (Werkmann-Karcher 2019). Vieles, was unser Selbstwert und unser Selbstkonzept angreift, wirkt nicht lernförderlich und damit verfehlt es seine Intention.

Dass negatives Feedback uns demotiviert und uns nicht daraus lernen lässt, liegt meines Erachtens nicht daran, dass der andere zu wenig „Ich-Botschaften" genutzt oder ungenügend wertschätzend formuliert hat. Es liegt daran, dass die Haltung des Feedback-Gebenden so ist, dass ich mich angegriffen fühlen muss. Der Feedback-Gebende ist nämlich der Meinung, dass er recht hat und alle Informationen zu dem Sachverhalt vorliegen. Er geht nicht wirklich davon aus, dass ich mein Bestes gegeben habe, oder dass ich einen guten Grund hatte, das zu tun. Und das spüre ich. Und das macht mich wütend, verletzlich und traurig, obwohl es durchaus sein kann, dass mein Verhalten besser hätte sein können. Aber in dem Moment bin ich nicht mehr offen und lernbereit dafür. Ich gehe verärgert aus dem Gespräch: *„Muss ich mich jetzt auch noch dafür bedanken?!"*

Die Annahmen bei solchen Gesprächen sind:

- Der Feedback-Nehmende hat etwas Negatives getan. Das soll er erkennen, indem ich ihm meine Beobachtung schildere und die Bewertung daraus.
- Der Feedback-Nehmende soll erkennen, welche Gefühle er bei mir ausgelöst hat und was ich mir von ihm wünsche.

Das Verständnis wird also (meistens im ersten Schritt) vom Feedback-Nehmenden gegenüber

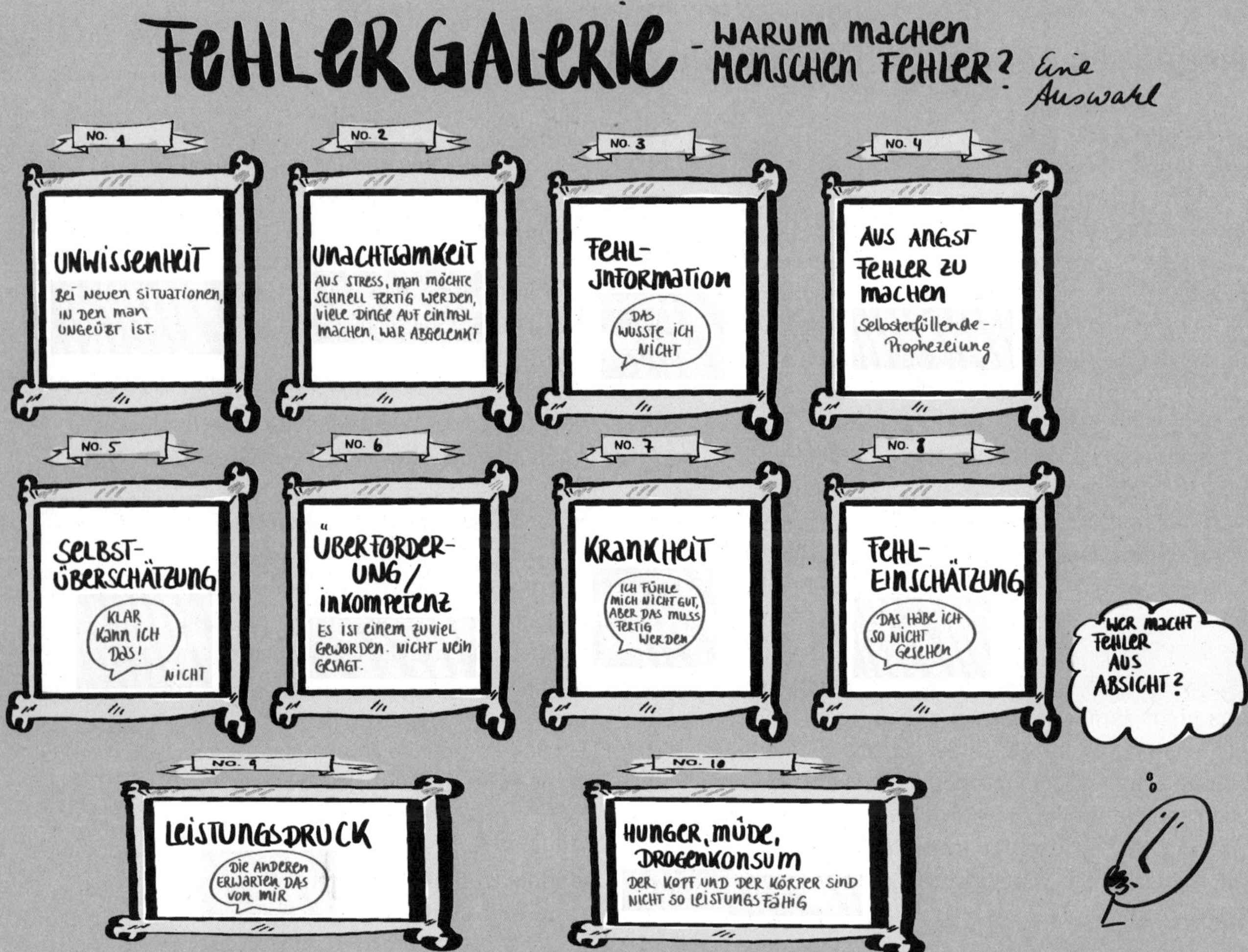

FEHLERGALERIE - WARUM MACHEN MENSCHEN FEHLER? Eine Auswahl
NO. 1
UNWISSENHEIT
Bei neuen Situationen, in den man ungeübt ist.
NO. 2
UNACHTSAMKEIT
Aus Stress, man möchte schnell fertig werden, viele Dinge auf einmal machen, war abgelenkt
NO. 3
FEHL-INFORMATION
DAS WUSSTE ICH NICHT
NO. 4
AUS ANGST FEHLER ZU MACHEN
Selbsterfüllende-Prophezeiung
NO. 5
SELBST-ÜBERSCHÄTZUNG
KLAR KANN ICH DAS! NICHT
NO. 6
ÜBERFORDER-UNG/ INKOMPETENZ
Es ist einem zuviel geworden. Nicht nein gesagt.
NO. 7
KRANKHEIT
ICH FÜHLE MICH NICHT GUT, ABER DAS MUSS FERTIG WERDEN
NO. 8
FEHL-EINSCHÄTZUNG
DAS HABE ICH SO NICHT GESEHEN
WER MACHT FEHLER AUS ABSICHT?
NO. 9
LEISTUNGSDRUCK
DIE ANDEREN ERWARTEN DAS VON MIR
NO. 10
HUNGER, MÜDE, DROGENKONSUM
DER KOPF UND DER KÖRPER SIND NICHT SO LEISTUNGSFÄHIG

dem Feedback-Gebenden eingefordert. Nicht umgekehrt. Wenn der Feedback-Gebende dann, wie aus dem Lehrbuch, fragt, *„Wie sehen Sie das …?" „Ihre Sichtweise interessiert mich …?"* ist das „Kind schon in den Brunnen gefallen".

Für eine gelungene Kommunikation sollte meiner Meinung nach der Aktive (in dem Fall der Feedback-Gebende) als Erstes jedoch ein Interesse haben, die Gesamtsituation überhaupt beurteilen zu können. Dies kann er nur gemeinsam mit dem Feedback-Nehmenden klären, auf Augenhöhe.

Dabei hilft zunächst ein gelassener Umgang mit Fehlern. Die allermeisten Fehler werden aus meiner Erfahrung nicht absichtlich gemacht, sondern aus den Gründen, die an der nebenan stehenden Fehlergalerie zu sehen sind.

Und obwohl Fehler i.d.R. nicht absichtlich gemacht werden, ärgern wir uns darüber, ob bei uns oder anderen. Fehlergelassenheit kann uns generell helfen, unseren Ärger zu erkennen und richtig einzuordnen, damit das Feedback konstruktiv ausfallen kann. Doch wie wird man gelassener bei Fehlern? Bei dem „Wie relevant ist der Fehler?"-Test kann man an einer Hand schnell eine Einschätzung vornehmen. Sind alle Fragen, bis auf die letzte mit „Nein" beantwortet, dann sind meistens die größten Emotionen schon wieder verflogen und man kann Feedback geben, welches dem anderen hilft, diesen Fehler nicht noch einmal zu machen und aus dem Fehler zu lernen.

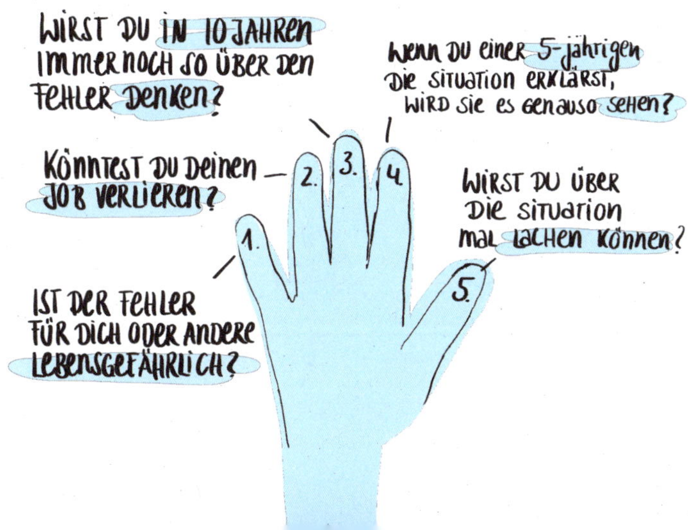

Erzähl mal, erkläre mal

Falls Sie jemand sind, der sich schnell über die Fehler anderer ärgert, dann bietet sich auch eine andere Übung an: Atmen Sie auf 4 ein (innerlich langsam bis 4 zählen). Halten Sie die Luft auf 7 an und lassen auf 8 zählend die Luft wieder raus. Das können Sie dreimal tun. Und falls auch das nicht hilft, machen Sie das allgemein Übliche: Sie schlafen eine Nacht darüber und reagieren erst am Folgetag. Denn mit Ärger im Bauch können Sie zwar jemand ordentlich die Meinung sagen, aber kein Feedback-Gespräch führen.

Was können Sie also tun, wenn Sie kein negatives Feedback-Gespräche führen sollen, aber trotzdem mit der Leistung unzufrieden sind? Führen Sie statt eines negativen Feedback-Gespräches ein neugieriges, konstruktives, stärkenorientiertes Gespräch auf Augenhöhe. Hinein gehen Sie am besten mit vier Grundhaltungen:

1. Ich weiß, dass ich nicht alles weiß und Wahrnehmungsverzerrungen habe und Beurteilungsfehler mache. Tipp: Überprüfen Sie daher gemeinsam Ihre Beobachtung mit dem anderen. Stimmen die wirklich oder haben Sie etwas übersehen? Sind Sie selbst vielleicht Teil der Problems?
2. Jeder hat einen guten Grund für sein Tun. Ich muss ihn herausfinden.
3. Wir geben alle unser Bestes.
4. Ich vertraue dem anderen.

Wenn Sie mit dieser Haltung in ein Gespräch gehen, finden Sie die richtigen Worte. Auch wenn die nicht aus dem Lehrbuch stammen. Der andere spürt, wenn Sie authentisch, ehrlich und offen sind. Alles ist möglich, wenn Sie mit der Basis in ein Gespräch hineingehen.

Fokussieren Sie bei dem Gespräch auch auf die Talente bei sich und dem anderen. Welche Tätigkeiten gelingen mit Leichtigkeit und könnten für die Lösung eines Problems genutzt werden? Wo besteht die Ausdauer, um etwas zu verändern? Stärken sind der Kraftpunkt für das Bewältigen von Herausforderungen. Wenn wir unsere Stärken nutzen, ist eine hohe Lernbereitschaft da, das Feedback anzunehmen.

Reflexionsphase
1 WAS BEOBACHTE ICH?
2 WIE BEWERTE ICH DIE SITUATION?
3 ANGENOMMEN, ICH BIN TEIL DES PROBLEMS, WAS KÖNNTE DAS SEIN?
4
JA, ICH HATTE EINEN GUTEN GRUND
MEINE BEOBACHTUNGEN. (OHNE BEWERTUNG) „STIMMEN DIE?
ERKLÄRE ES MIR …
= VERSTEHEN WOLLEN =
Gesprächsphase
5 WIEDERGABE DES VERSTANDENEN MIT EIGENEN WORTEN.
„DAS HABE ICH VERSTANDEN…"
„DAS VERSTEHE ICH. AUS DEINER PERSPEKTIVE IST DAS LOGISCH.
6 INTERVENTION
„TROTZDEM MÜSSEN WIR EINE ANDERE LÖSUNG FINDEN, WEIL ….
VERSTEHST DU DAS? HAST DU VIELLEICHT EINE IDEE?
JA
7 VEREINBARUNG
O.K. DANN PROBIEREN WIR DAS MAL AUS UND BESPRECHEN DAS NÄCHSTE WOCHE NOCHMAL - OK?
EIN GUTES KRITISCHES GESPRÄCH
- BEIDE HABEN RECHT -

Was ist also zu tun? Pick-up Feedback nutzen

Mit diesem Buch lege ich die Verantwortung für das Feedback, welches Sie bekommen wollen, in Ihre Hände. Entscheiden Sie, welches Feedback Ihnen weiterhilft und holen Sie es sich von der Person, die Sie aussuchen und zu einem Zeitpunkt, der für Sie richtig ist.

Ist es nicht ungewöhnlich, sich selber Feedback zu holen? Ja – vielleicht. Wir haben in der Regel noch nicht die Kultur, dass wir angehalten werden oder es von uns erwartet wird, uns selbst Feedback zu holen. Auf der anderen Seite wird Eigenverantwortung und Selbstmanagement gefordert und das sind gute Gründe, weswegen Sie als Führungskraft Impulse für eine Kultur des Pick-up Feedbacks geben und damit starten sollten.

Sie, als Führungskraft, sind, wie beschrieben, selbst für Ihre berufliche und persönliche Entwicklung verantwortlich. Niemand sonst. Auch Ihre Mitarbeitenden sind für ihre berufliche und persönliche Entwicklung verantwortlich.

Damit Sie das Feedback bekommen, dass Ihnen dabei weiterhilft, biete ich Ihnen in diesem Buch fünf Arten von Pick-up Feedback mit Methoden an, die Sie für sich selber oder im Team nutzen können. Die Wahrscheinlichkeit, dass Sie mit diesem Vorgehen viel lernen werden, ist hoch. Warum? Weil Sie es selber gestalten.

Führungskräfte profitieren von Pick-up Feedback, besonders, da sie so ihre Führungskompetenzen stetig weiter verbessern und entwickeln können.

Da Ihre Mitarbeitenden sich an Ihrem Verhalten als Führungskraft orientieren, ist es wichtig, dass Sie mit der neuen Feedback-Kultur starten. Sie machen es vor und holen sich Feedback und am besten berichten Sie darüber beim nächsten Meeting. Ich bin mir sicher, dass dies Wirkung zeigt. In Ihrem Verhalten und im Verhalten Ihrer Mitarbeitenden.

Wenn Sie dieses Buch nutzen und die im Folgenden beschriebenen Methoden umsetzen,

FEEDBACK-MANIFEST

① FEEDBACK HOLEN GEHT VOR FEEDBACK GEBEN. JEDE*R IST ANGEHALTEN, SICH REGELMÄßIG FEEDBACK ZU HOLEN.

② DER FEEDBACK-HOLENDE SOLL ENTSCHEIDEN, WELCHES FEEDBACK ER/SIE BRAUCHT UND ES FORMULIEREN.

③ DER FEEDBACK-HOLENDE IST IN DER FRAGEPOSITION.
ER/SIE FRAGT KONKRET NACH, WIE DER FEEDBACK-GEBENDE DAS FEEDBACK GENAU GEMEINT HAT.

④ DAS FEEDBACK IST FREI. JEDE*R KANN ES NUTZEN, WIE ES FÜR IHN/SIE PASST.

dann werden Sie in Zukunft ein Statement weder selbst äußern noch von Mitarbeitenden hören: *„Wir bekommen zu wenig Feedback“.*

Denn Feedback zu bekommen, wird zu einer Hol-Schuld. Führungskräfte und Mitarbeitende warten nicht mehr auf das Jahresmitarbeitergespräch oder auf Feedback-Umfragen im Unternehmen, um Feedback zu bekommen. Sie holen es sich, wenn sie es brauchen und von wem sie es brauchen. Sie übernehmen die Verantwortung für ihre Weiterentwicklung, wissen um die Typen von Feedback und was und wer ihnen jetzt weiterhelfen könnte.

DIE 5 ARTEN

DES
PICK-UP FEEDBACKS

WELCHES FEEDBACK HILFT MIR JETZT?
WERTSCHÄTZUNG
RATSCHLAG
COACHING
EVALUATION
TRAINING ON THE JOB

Welche Feedback-Arten Ihnen weiterhelfen können

Wer Feedback braucht, muss sich vorher Gedanken machen, was er genau braucht. Das macht es für den Feedback-Gebenden leichter, die Bedarfe des anderen zu erfüllen.

Nachfolgend erläutere ich die fünf Arten von Feedback, mit einer Auswahl an Durchführungs-Methoden, die jedem in der beruflichen und persönlichen Entwicklung weiterhelfen können.

- Training on the Job
- Wertschätzungs-Feedback
- Ratschlag
- Coachendes Feedback
- Evaluation

Feedback, das auf der persönlichen Ebene gegeben wird und immer positiv ist, ist die Wertschätzung *„Das war eine super Leistung heute von dir“*. Der Ratschlag ist eine Handlungs- oder Denkempfehlung und stark subjektiv geprägt *„Wenn du das nächste Mal beim Kunden bist, dann frag ihn doch einfach direkt danach – oder? Trau dich einfach.“* Ein Coaching ist keine Beratung, sondern bietet ein Feedback an, bei dem man über Fragen und Struktur eine eigene passende Lösung für sich erarbeitet.

Stärker auf die Arbeitsebene bezogen, kann man sich das Arbeitsergebnis anschauen und prüfen, ob die Ziele, die der andere erreichen wollte, erreicht sind oder nicht (Evaluation). Falls nicht, überlegt man in der Regel gemeinsam, was man noch verbessern kann. Die effektivste Art, Feedback zu geben, ist direkt im Prozess, also beim Tun, Training on the Job. Der Feedback-Gebende schlägt dem anderen alternative Handlungen vor oder ermutigt ihn, bestimmte Sachen auszuprobieren. Bei diesen Arten, Feedback zu geben, ist natürlich auch wieder entscheidend, wer das Feedback wem und wie gibt und ob es angenommen werden kann.

Weil „Training on the Job“ das effektivste Feedback bietet, sich jedoch aus den vier weiteren Feedback-Arten zusammensetzte, wird es zu Be-

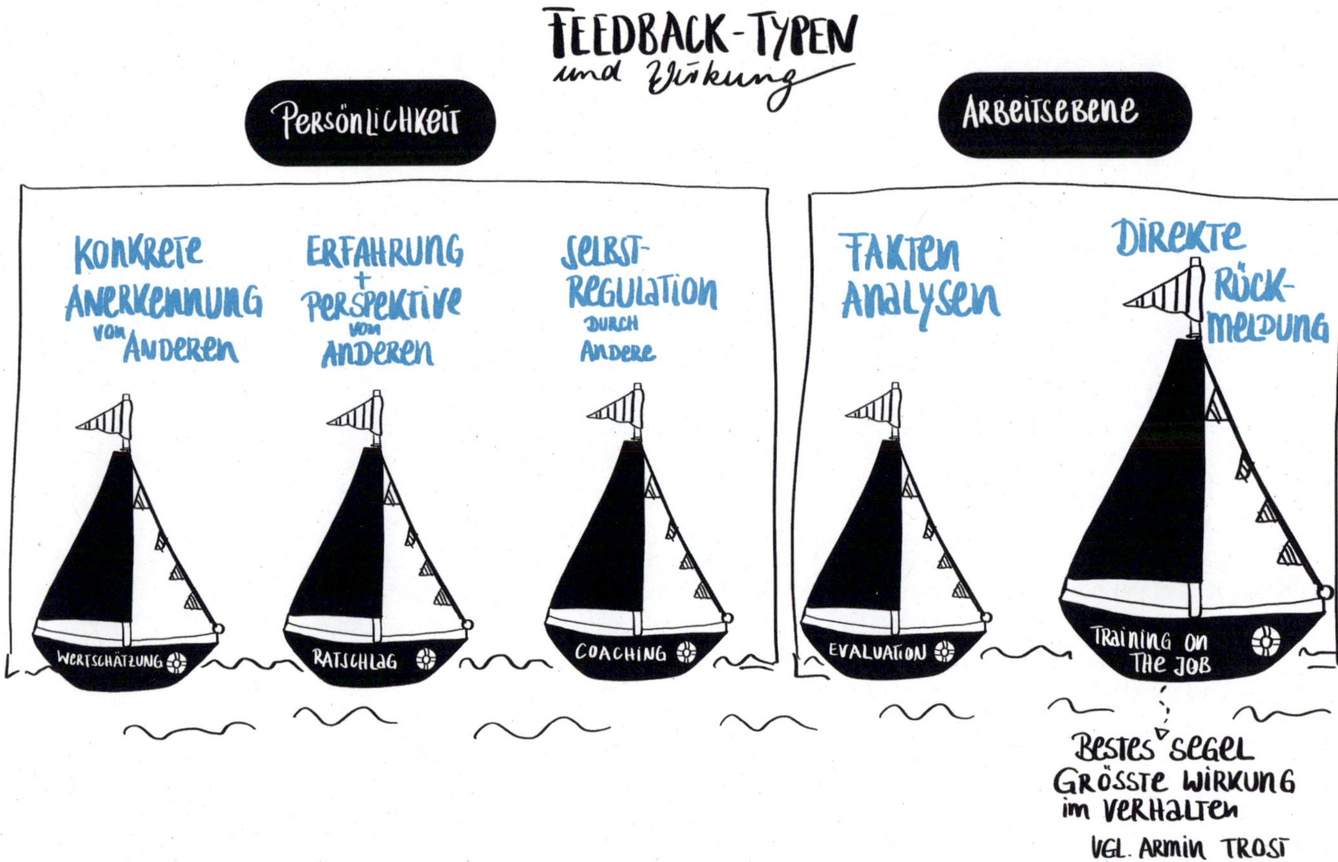
FEEDBACK-TYPEN
und Wirkung
Persönlichkeit
Arbeitsebene
Konkrete Anerkennung von Anderen
Erfahrung + Perspektive von Anderen
Selbst-Regulation durch Andere
Fakten Analysen
Direkte Rück-meldung
Wertschätzung
Ratschlag
Coaching
Evaluation
Training on the Job
Bestes Segel
Grösste Wirkung im Verhalten
vgl. Armin Trost

ginn nur kurz vorgestellt. Wenn es „eine Nummer kleiner" sein soll, nutzen Sie eine der anderen Feedback-Arten, zu denen Sie auf den folgenden Seiten eine Auswahl praktischer Methoden finden.

Wichtig: Bitten Sie den Feedback-Gebenden darum, die Arten von Feedback nicht zu vermischen. Bleiben Sie im Gespräch bei einer Feedback-Art und machen Sie darauf aufmerksam, falls der Feedback-Gebende Wertschätzung mit Ratschlag verknüpft oder ins Coaching hinübergleitet und Fragen zum Ziel und zu möglichen Problemlösungen stellt. Falls es für Sie passt, dann ist es o.k. Ich würde dies jedoch bewusst entscheiden und dem anderen kommunizieren. So sind die Botschaften klarer und helfen dem Feedback-Einholenden besser. Wenn der Feedback-Gebende die Feedback-Art nicht kennt, dann braucht es eine Erläuterung von Ihnen.

ETWAS BESONDERS VIELFÄLTIGES:
TRAINING ON THE JOB
→ FEEDBACK RUND UM JUST IN TIME
COACHING AUSPROBIEREN
LERNEN
MACHEN
FEHLER → MACHEN
VERBESSERN
WERTSCHÄTZUNG
RATSCHLAG
EVALUATION

Training on the Job

Training on the Job, also das Lernen direkt beim Tun an der Arbeitsstelle, ist sehr wirksam. Wir lernen „by Doing“ mit allen Sinnen und bekommen sofort ein Feedback von einem Kollegen oder einer Kollegin. Da man dies direkt erlebt, bleiben die Informationen bei vielen länger im Gedächtnis – als wenn wir sie nur gelesen oder in einem Lehr-Video gesehen werden. Fragen können sofort beantwortet und handwerkliches Tun korrigiert werden.

Das Training on the Job kann an Ihrem Arbeitsplatz stattfinden oder Sie wechseln den Arbeitsplatz.

Bei Letzterem haben Sie und andere eine neue Perspektive auf sich. Sie haben also die Chance, neue Seiten an sich zu entdecken. Durch den Wechsel in eine anderes Arbeitsumfeld können Sie zudem neue Arbeitsweisen ausprobieren und später in Ihr bestehendes Umfeld integrieren.

Oft ist es einfacher, wenn jemand neben einem steht, der mehr über das Thema weiß als man selber und direkt Tipps und Hilfestellung geben kann. Wenn Sie ein Kollege einen Tag lang begleitet und Sie in Ihrer Arbeit unterstützt, nennt man das auch „Shadowing“ und es ist eine Methode aus dem Coaching. Die Methode wird genauer auf S. 82 beschrieben. Wenn Sie während Ihres Trainings on the Job Tipps bekommen, so sind das Ratschläge, die in ihren Variationen in der Rubrik Ratschlag-Methoden aufgeführt sind (ab S. 50). Und Wertschätzung sollten Sie sich bei Ihrem Training ob the Job auf jeden Fall abholen (s. hierzu S. 34–49).

Wenn Sie sich also schnell und effizient weiterentwickeln wollen, dann machen Sie Training on the Job und nutzen dazu die Methoden der vielfältigen Pick-up Feedbacks in diesem Buch.

WERTSCHÄTZUNGS-

METHODEN

Wertschätzung

Wir alle brauchen als soziale Wesen Wertschätzung. Wir sind auf die An-Erkennung der anderen angewiesen und wollen, dass sie sehen und uns spiegeln, was wir leisten. Auf diese Weise fördert Wertschätzung das Selbstvertrauen und den Selbstwert von Menschen. Wir sind ausgeglichener, offener und auch kontaktfreudiger und behandeln andere Menschen ebenso mit Respekt und Wohlwollen.

In einer Unternehmenskultur, in der Wertschätzung gelebt wird, ist häufig die Mitarbeiterzufriedenheit höher und der Krankenstand niedriger. Und, was meiner Meinung nach was noch viel wichtiger ist: Wenn wir positives Feedback bekommen, dann sind wir eher bereit, genau dieses oder ähnliches Verhalten häufiger anzuwenden.

Wertschätzungs-Feedbacks sind also immer positiv. Sie haben die Aufgabe, das Positive an der Arbeit oder der Persönlichkeit des anderen hervorzuheben und es so zu stärken. Alles andere, was dem Feedback-Gebenden vielleicht noch in den Sinn kommt, ist hier nicht relevant. Es geht wirklich, wirklich nur um das Positive. Und es gibt immer etwas Positives zu bemerken – immer!

Es ist für uns alle bedeutsam, regelmäßig ein wertschätzendes Feedback einzuholen. Zum Beispiel bei einer Tasse Tee, bei der man einfach mal fragt: *„Sagen Sie mal. Was ist Ihnen an meiner Arbeit in letzter Zeit positiv aufgefallen? Was habe ich gut gemacht? Je konkreter, desto besser. Das würde mich sehr interessieren."*

Vielleicht hören wir häufiger empathisch zu, vielleicht lächeln wir häufiger anerkennend, wenn eine Kollegin etwas gut gemacht hat, vielleicht ... werden wir dadurch eine bessere Version von uns als Führungskraft. Und wenn wir unsere Stärken stärken, gewinnen wir an innerer Sicherheit und können uns besser auf unvorhergesehene Situationen einlassen. Eine wichtige Kompetenz in einer zunehmend unsicheren Welt.

EPI-Feedback

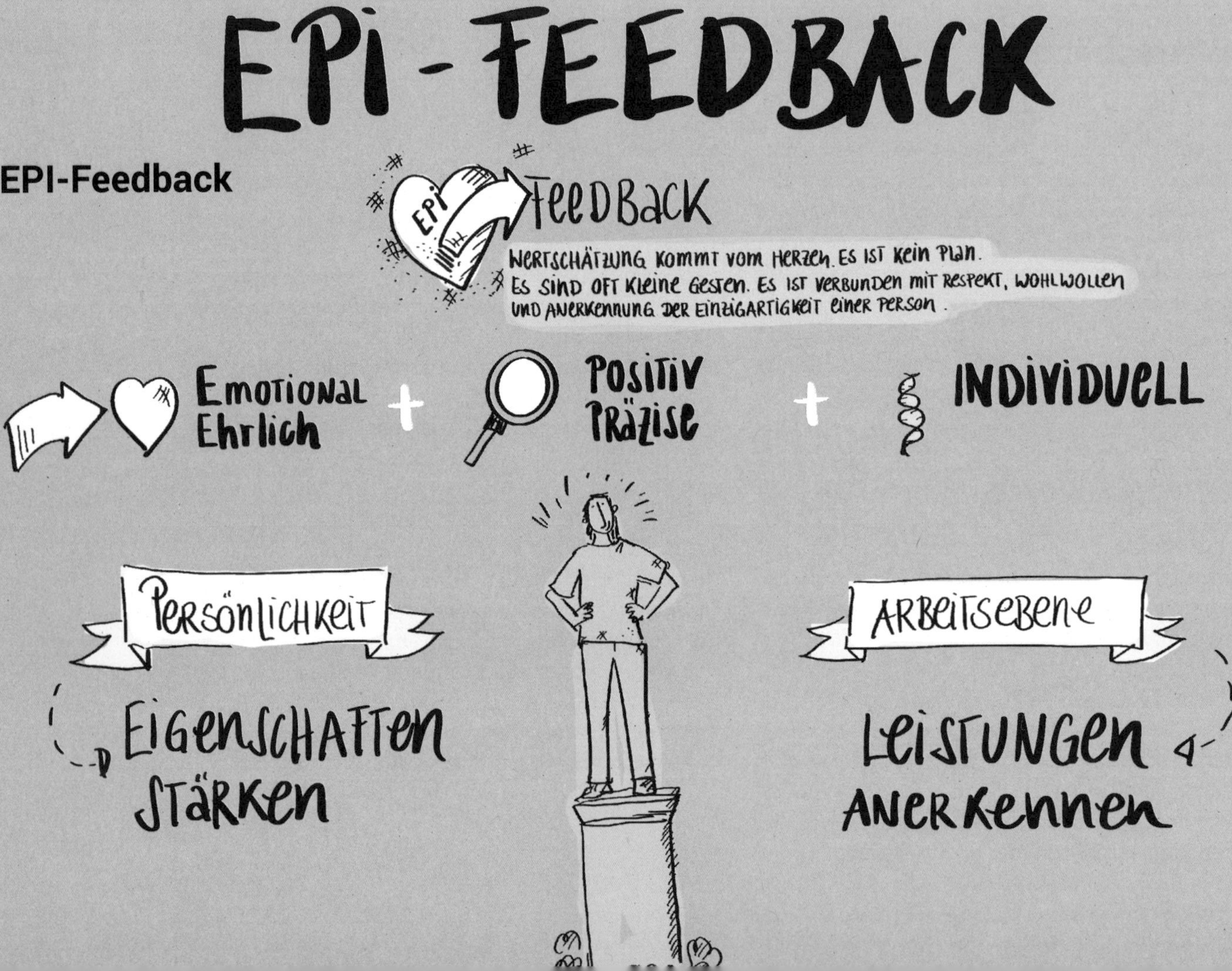

Blaupause für Wertschätzungsgespräche aller Art

Wertschätzungs-Feedback sollte immer so formuliert sein, dass es emotional und ehrlich, positiv und präzise sowie individuell ist.

Neben den Eigenschaften der Persönlichkeit werden auf Arbeitsebene Gesamtleistungen und einzelne Leistungen anerkannt. Die hier genannten Fragen zu den Bereichen „Persönlichkeit" und „Arbeit" können als Anregung/Leitfaden genutzt und bei den nachfolgenden Methoden angewandt werden.

Vorgehen

Bitten Sie einen Kollegen/Mitarbeiter um ein Wertschätzungs-Feedback. Als Feedback-Holender können Sie dem anderen konkrete Fragen zu Ihrer Persönlichkeit und zu Ihrer Arbeitsweise stellen. Diese Fragen können folgende sein:

Persönlichkeit:

- Welche Eigenschaften schätzen Sie an mir?
- Welche meine Eigenschaften helfen Ihnen, gute Arbeit zu leisten?
- Was sollte ich auf jeden Fall beibehalten?
- Wovon könnte ich mehr nutzen?
- Hatten Sie vielleicht gemeinsam mit mir ein Erlebnis, das dies gut widerspiegelt und welches Ihnen in Erinnerung geblieben ist?

Arbeitsebene:

- Was schätzen Sie an meiner Arbeitsleistung? Wovon sollte ich mehr machen?
- Gibt es Einzelleistungen, die Ihnen in Erinnerung geblieben sind, bei denen ich mich stärker als sonst eingebracht habe?

Am Ende des Gesprächs: Vielen Dank für Ihre Offenheit und Ihr Vertrauen.

Rahmen

Das Gespräch dauert 10–20 Minuten. Suchen Sie eine ruhige, vertrauliche Umgebung, ein Spaziergang bietet sich an oder ein Gespräch zum Kaffee. Unter den Download-Ressourcen zu diesem Buch können Sie die Vorlage herunterladen. Hinweise zum digitalen Einsatz finden Sie auf S. 103.

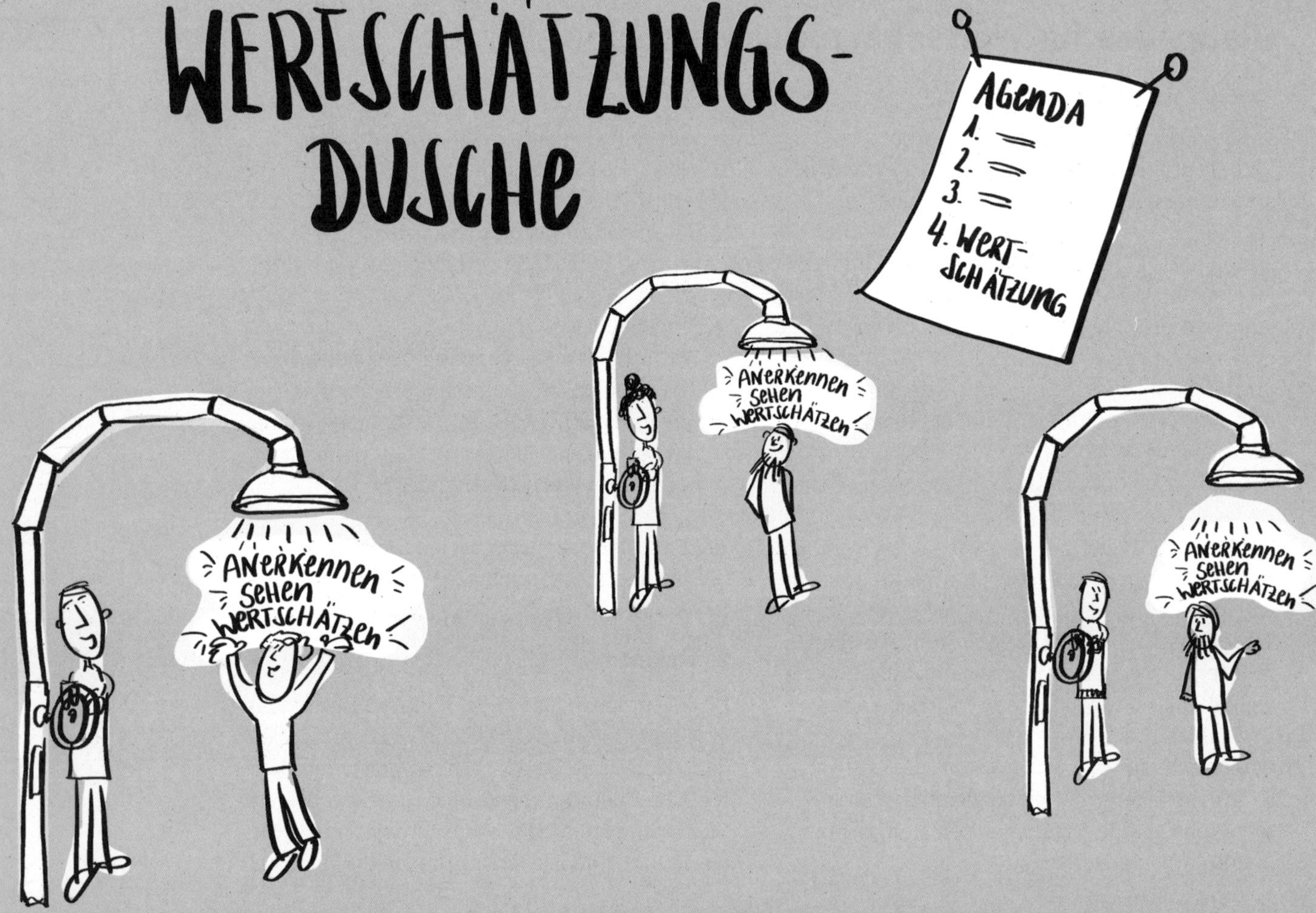
WERTSCHÄTZUNGS-
DUSCHE
AGENDA
1.
2.
3.
4. WERT-
SCHÄTZUNG
ANERKENNEN
SEHEN
WERTSCHÄTZEN
ANERKENNEN
SEHEN
WERTSCHÄTZEN
ANERKENNEN
SEHEN
WERTSCHÄTZEN

Wertschätzung im Team

Bei der Wertschätzungsdusche bilden sich Paare und fokussieren in einem vertraulichen Gespräch auf die Stärken, Talente und gelungenen Arbeitsergebnisse der anderen. Eine sehr schöne Methode, die den Teamzusammenhalt stärkt und das Arbeitsklima positiv beeinflusst. In manchen Teams ist die Stimmung allerdings noch nicht vertrauensvoll genug. Wenn Ihr Team keine Wertschätzungsdusche durchführen will, ist das eine gute Gelegenheit, über das Warum zu sprechen und so ein Stimmungs-Feedback einzuholen. Wenn die Mehrheit es möchte, dann finden die Wertschätzungsgespräche jeweils unter vier Augen statt, nach der EPI-Feedback-Blaupause.

Vorgehen

Bei dem nächsten Meeting können Sie Wertschätzungs-Feedback einfach auf die Tagesordnung setzen und die „Dusche“ zu Beginn oder Ende der Besprechung durchführen. Jede sucht sich selbst eine oder mehrere Partnerinnen.

Nun beginnt die eine der anderen von den Stärken, Talenten, Eigenheiten und Arbeitserfolgen zu erzählen, die in der vergangenen Zeit positiv an ihr aufgefallen sind. Die Feedback-Holende kann auch nachfragen: Vielleicht wollte sie selber ein Verhalten verändern und erkundigt sich jetzt, ob das der anderen auch aufgefallen ist. Danach berichtet dann die andere.

Wer mag, kann das Gesagte schriftlich festhalten – vielleicht in einem persönlichen Stärken-Buch? Wem es mal nicht so gut geht, der kann darin nachschauen, was andere in einem sehen. Für Reflexionen können Sie auch noch ein paar Minuten einplanen.

Rahmen

Die Methode dauert etwa 5–10 Minuten. Die Gruppen können sich zusammensetzen oder abseits hinstellen. Die Wertschätzungsdusche kann nach Bedarf etwa alle 1–2 Monate durchgeführt werden, oder so oft, wie Ihr Team das möchte. Per „Breakout Rooms“ geht das auch gut digital.

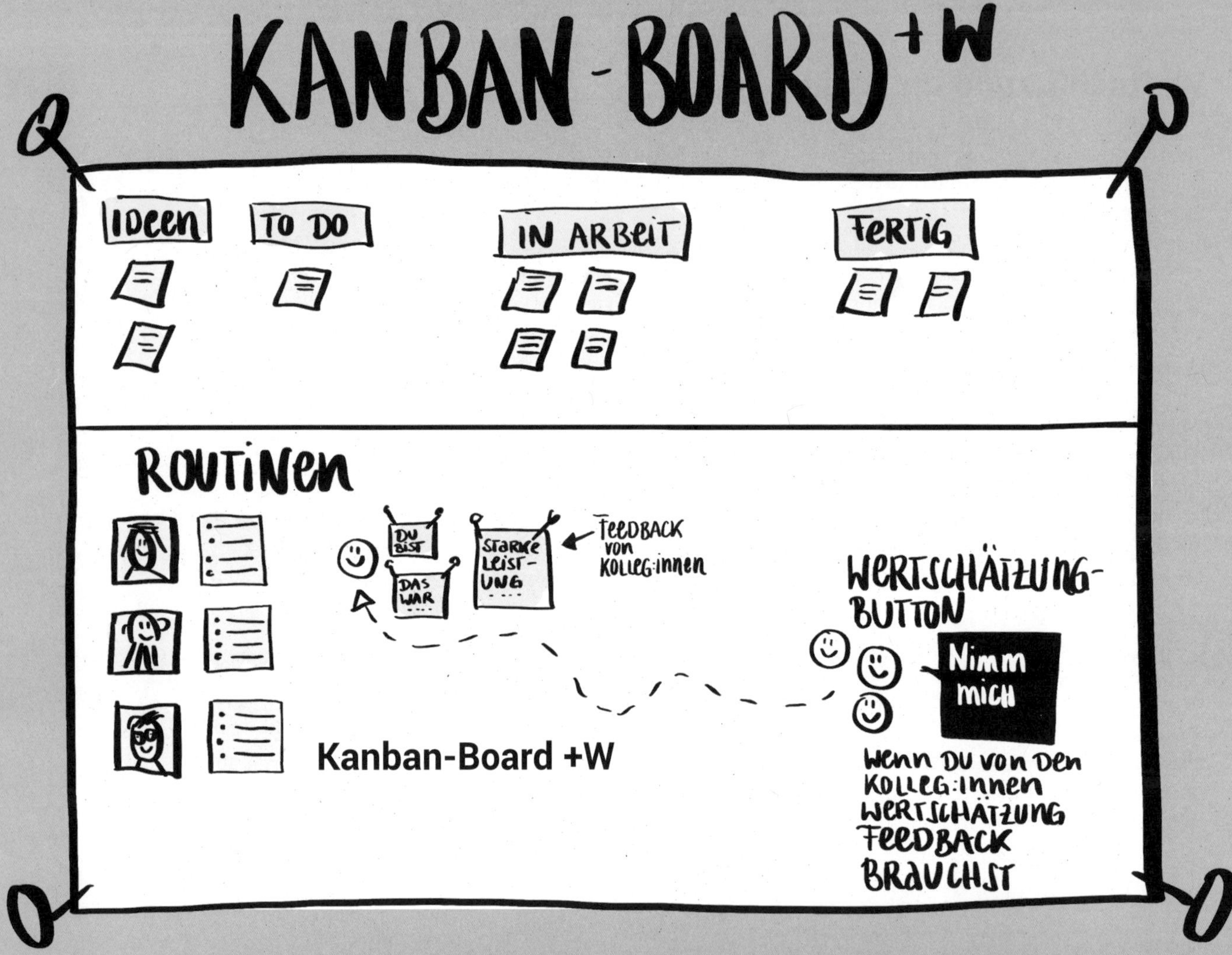

Kanban-Board +W

Wertschätzungsmitteilungen am Board

Wer ein Kanban-Board nutzt, kann dieses um eine weitere Rubrik „Wertschätzung" erweitern. Diese Rubrik wird bei den Routine-Beschreibungen eingefügt. In den Routine-Beschreibungen selbst sollten die Tätigkeiten aufgeführt sein, die regelmäßig durch eine Person durchzuführen sind. Es ist hilfreich, wenn Porträts aus dem Team diese Routine-Beschreibungen ergänzen.

Vorgehen

Erweitern Sie ein Kanban-Board, indem Sie neben den Routinen der Teammitglieder Platz für Wertschätzungsmitteilungen lassen. Dazu werden von den anderen Teammitgliedern positive Dinge auf Post-its notiert und dann zu der betreffenden Person neben die Routine-Beschreibung geklebt. Auch der Bedarf nach Wertschätzung kann auf dem Board angezeigt werden: Durch einen Feedback-Button zu Wertschätzung. Das kann ein Smiley sein mit dem Text „Ich brauche mal Wertschätzung". Jede aus dem Team kann nun gerne mit Unterschrift etwas Positives sichtbar notieren und die Feedback-Holende kann später auch die Post-its abnehmen und als Erinnerung aufbewahren.

Rahmen

Das Kanban-Board hängt dauerhaft und kann situativ genutzt werden. Wer das Kanban-Board digital nutzt, kann auch eine digitale „Wertschätzungsspalte" einführen, siehe die Hinweise dazu auf S. 103.

Sollte das Feedback etwas unklar oder noch nicht konkret genug für die Feedback-Holende sein, dann kann diese die Feedback-Gebenden noch mal ansprechen und nachfragen.

RETROSPEKTIVE
STOP
DAMIT AUFHÖREN
WENIGER DAVON
MEHR DAVON
START
DAMIT ANFANGEN
BEI-BEHALTEN
WEM MÖCHTEN WIR DANKEN?

Rückblick mit Wertschätzung

Die Retrospektive können Sie nach Abschluss eines Projektes oder in regelmäßigen Abständen durchführen. Ich nutze dafür ein Arbeitsposter, an dem man in kleinen Gruppen arbeiten kann. Hier steht am Ende immer eine Rubrik „Wem möchten wir danken“. Das verbessert den Blick für das Geleistete und fördert Wertschätzung.

Vorgehen

Drucken Sie das Arbeitsposter aus (DIN A3 oder DIN A2), ein Ausdruck pro Gruppe (3–4 Personen). Sie erhalten die Vorlage unter den Download-Ressourcen zu diesem Buch (vgl. S. 9). Zum digitalen Einsatz der Methode s. S. 103.

Bilden Sie Kleingruppen. Hierbei ist es hilfreich, wenn Personen in eine Gruppe gehen, die im Arbeitsalltag nicht so viel miteinander zu tun haben, damit man auch die Perspektive dieser Kollegen kennenlernt. Die Gruppen haben etwa 20–30 Minuten, um sich zu den Aspekten auf dem Arbeitsposter auszutauschen und ihre Angaben dazu zu formulieren. Sie schreiben auf Post-its oder direkt in die Vorlage hinein. Im Anschluss stellt jede Gruppe ihre Ergebnisse vor.

Nach der Vorstellung bitten Sie alle Teammitglieder, das für sie wichtigste Ergebnis auf ein Post-it zu schreiben und dieses auf ein neues Retrospektive-Poster zu hängen. Jeder sollte hier nur einen Punkt formulieren, damit ein Fokus auf die wichtigsten Themen im Team möglich ist. Wenn alle wichtigen Punkte auf dem neuen Poster hängen, haben Sie einen guten Überblick über die wichtigsten Aufgaben für Sie und Ihr Team in den nächsten Wochen. Überlegen Sie gemeinsam, mit was Sie anfangen und wer was übernimmt. Planen Sie auch ein, wer wem ein Dankeschön übermittelt.

Rahmen

Diese Retrospektive dauert insgesamt etwa 30–60 Minuten. Als Zeitpunkt eignen sich Anfang oder Ende eines Meetings oder der Beginn eines Workshops. Der Einsatz ist auch digital möglich.

KUDOS-BOARD

Idee von kudosboard.io

Kommentarkarten fürs Porträt-Board

Das Kudos-Board braucht ein wenig Vorbereitung, ist dann aber sehr lustig und wertschätzend zugleich.

Vorbereitung

Sie gestalten gemeinsam mit Ihrem Team eine Wand mit Porträts Ihrer Teammitglieder. Dies kann ein Whiteboard sein oder eine Pinnwand, was gerade passt. Dazu werden Kudos gestaltet. Das sind kleine Karten, auf denen Begriffe stehen wie „Happy", oder auch Erklärungen wie „Hat gute Stimmung in der letzten Woche verbreitet", „Hat mir in einer brenzligen Situation geholfen". Eine Auswahl an möglichen Kudos finden Sie zum Herunterladen unter den Download-Ressourcen zu diesem Buch. Diese können Sie ausdrucken, ausschneiden und auch digital verwenden. Mit Ihrem Team können Sie sich auch eigene Kudos ausdenken, das stärkt die Verbundenheit.

Vorgehen

Die Teammitglieder vergeben Kudos an andere, indem sie eine Kudo-Karte digital oder analog an ein Bild derjenigen hängen, der sie diese Wertschätzung entgegenbringen möchten. Sie erklären, warum das Kudo passt. Keiner muss Kudos vergeben, nur wer mag.

Rahmen

Die Vorbereitung der Fotos und Kudos-Karten kann länger dauern. Der Moment, in dem die Kudos verteilt werden, dauert etwa 5–10 Minuten. Dies kann in einem Meeting am Ende einer Arbeitswoche erfolgen, zu Beginn am Montag, einmal im Monat oder so, wie es passt. Und natürlich geht das auch digital (s. S. 103).

WERTSCHÄTZENDES INTERVIEW

Im Team Erfolgsgeschichten aufdecken

Wertschätzende Interviews sind Teil der Methode „Appreciative Inquiry" und sollen durch positiv formulierte Fragen Erfolgsfaktoren des Unternehmens zum Vorschein bringen. Das stärkt zum einen die Verbundenheit unter den Mitarbeitenden und die Resilienz des Unternehmens. Durch die Geschichten ist das Wissen da, dass man schwierige Situationen meistern kann und man kennt auch Erfolgsfaktoren. Die Wertschätzung im Feedback kommt meistens von selber, wenn wir die Geschichten der anderen hören. Das Interview besteht aus drei Bausteinen:

1. Frage: *„In welcher Situation warst du stolz, sie gemeinsam im Team bewältigt zu haben? Führe mich mal gedanklich durch die Situation damals. Was war ungewöhnlich und vielleicht sogar richtig gut?"*

   Erst erzählt der eine, dann der andere, für jeweils 7–10 Minuten. Der Interviewende macht sich jeweils Notizen.

2. Zwei Zweiergruppen schließen sich zu einer Vierergruppe zusammen und fassen für die jeweils anderen die Geschichte des Partners zusammen. Die Gruppe soll bei den Erzählungen über gemeisterte Herausforderungen auf Muster und Erfolgsfaktoren achten (etwa 15 Minuten ingesamt).

3. Im letzten Teil kann mit dem gesamten Team überlegt werden: Wie kann in Bedingungen und Faktoren investiert werden, die den Erfolg im Team bei Herausforderungen fördern? (Das dauert etwa 15 Minuten.)

Rahmen

Insgesamt dauern die wertschätzenden Interviews etwa 60 Minuten bei großen Gruppen (ab 12 Personen). Wenn der Austausch intensiv ist, kann es auch länger dauern. Diese Übung ist auch digital anhand von „Breakout Rooms" und einem digitalen, kollaborativen Whiteboard gut durchführbar (s. S. 103).

PICK-UP WERTSCHÄTZUNG

Was sollte die Feedback-Holende tun?

1. Nehmen Sie ernst, dass Anerkennung wichtig ist. Überlegen Sie, wann Sie sie brauchen und von wem. Fragen Sie andere, wann sie so ein Wertschätzungs-Feedback brauchen. Tauschen Sie sich untereinander aus. Dann wird es selbstverständlicher für alle.

2. Fragen Sie die Person Ihrer Wahl (oder im Team), ob sie Wertschätzungs-Feedback geben möchte und machen dann einen Termin. Manchmal kann man es aber auch ganz spontan machen, oder vor oder nach einem Meeting.

3. Wählen Sie einen Rahmen.

4. Bei einem Gespräch: Beginnen Sie das Gespräch und formulieren Sie das Ziel. Beispiel: *„Ich würde gerne von Ihnen erfahren, welche positiven Dinge Ihnen an mir bzw. meiner Arbeit aufgefallen sind in den vergangenen Wochen. Was war richtig gut aus Ihrer Perspektive und warum? Das würde mir helfen, dies in Zukunft vielleicht häufiger zu machen oder stärker darauf zu achten, noch besser zu werden. Je konkreter Sie das formulieren, desto mehr hilft es mir."*

5. Fragen Sie nach einer Aussage der Feedback-Gebenden nach. *„Was genau meinen Sie damit? Warum ist Ihnen das aufgefallen? Was hat das bei Ihnen ausgelöst?"*

RATSCHLAG-

METHODEN

Ratschläge

Sie kennen vielleicht die Redewendung „Ein Ratschlag ist auch ein Schlag". Das trifft häufig bei „Empfehlungen" von Kollegen zu, die ungefragt Ratschläge geben und meinen, dass sie es besser wissen als man selber. Oft sind die Hinweise wenig mitfühlend und man reagiert dann verärgert auf solche Äußerungen wie: *„Kannst du das nicht einfach richtig machen? Du musst dich doch nur nach den folgenden Anweisungen richten"*. Und wenn man diese Ratschläge nicht befolgt oder befolgen kann, dann hört man von den Ratschlagenden zu jemand anderem sagen: *„Probiere du es mal bei ihr. Auf mich hört sie ja nicht."*

Ein Ratschlag kann jedoch sehr wertvoll sein, wenn ich aktiv auf die Person meiner Wahl zugehe und explizit um einen Ratschlag bitte, um eine Meinung aus ihrer Perspektive. Ich möchte dann wissen, wie sie reagieren würde oder was sie in meiner Situation tun würde.

Wenn wir uns den Ratschlag von anderen einholen, lernen wir eine andere Sichtweise auf unser Thema kennen und wir können von den Lebens- und Berufserfahrungen des anderen profitieren. Wenn wir das im Team einfordern, bekommen wir gleich viele Sichtweisen und Tipps auf ein Thema und wir können uns die raussuchen, die zu uns am besten passen. Wir sehen vielleicht neue Wege, oder der Ratschlag bestärkt unsere Meinung, einen bestimmten Weg zu gehen.

Und wenn uns ein Ratschlag gar nicht weiterhilft, dann haben wir eben gelernt, wie andere Menschen in vergleichbaren Situationen handeln würden.

Vieraugengespräche

Die andere Perspektive nutzen

Ratschlag Einzelner einholen

Das persönliche Gespräch unter vier Augen eignet sich gut für ein Ratschlag-Feedback. Hier kann es sein, dass das Gespräch etwas länger dauert als beim Wertschätzungs-Feedback. Als Feedback-Nehmer hat man vielleicht mehr Fragen zu dem Ratschlag des anderen oder man möchte wissen, welche Erfahrungen er noch gemacht hat in ähnlichen Situationen. Diese Gespräche können sehr hilfreich sein, weil man auch impliziertes Wissen erfährt, also Wissen, von dem der Feedback-Gebende selbst gar nicht mehr weiß, dass er es hat.

Für beide kann hier eine Situation der Wertschätzung und des Austausches entstehen, wenn der Feedback-Holende aktiv zuhört und neugierig auf die Erfahrungen des anderen ist. Und wenn der Feedback-Gebende ausdrücklich das Gesagte als seine Perspektive darstellt und dem anderen nicht etwas „aufzwingen" möchte.

Vorgehen

Man bittet einen Kollegen um einen Termin für einen Ratschlag. Im Termin erläutert man die eigene Situation und formuliert dann eine Frage wie:

„Was würdest du an meiner Stelle tun?" Oder: *„Was hättest du an meiner Stelle getan?", „Warst du schon mal in einer ähnlichen Situation? Und wenn ja, wie hast du gehandelt? Warum hast du das so gemacht? Wie hast du dich dabei gefühlt? Wie bist du mit Ängsten umgegangen? Hast du dir Hilfe geholt? Was hat dir geholfen, die Situation zu meistern?"*

Fragen Sie alle Fragen, die Ihnen in der Situation weiterhelfen könnten und hören Sie gut zu. Versuchen Sie, zu verstehen.

Rahmen

Das Gespräch im vertrauten Rahmen dauert etwa 10–30 Minuten.

SPEED-RATSCHLAG

Schnell Impulse einsammeln

Diese Methode führt ein Kollege von mir sehr gerne durch. Er geht z.B. zu einer Kollegin und erzählt ihr von einer Situation, kurz und knapp. Und er möchte nur den ersten Impuls der Person hören. Was ihr in den Kopf kommt, ohne das groß zu begründen. Dieses Vorgehen hat ihm schon viele wertvolle Impulse gegeben.

Vorgehen

Eine Kollegin fragen, ob sie kurz für einen Speed-Ratschlag Zeit hätte. Wenn ja, folgt eine kurze Erläuterung, worum es geht. Dann wird sie gebeten, die ersten Gedanken auszusprechen, die ihr in den Kopf kommen.

Das kann man dann auch bei weiteren Personen durchführen.

Rahmen

Pro Person, die gefragt wird, dauert es etwa 2–5 Minuten.

KRITISCHES FEEDBACK
JETZT MAL:
BUTTER BEI DIE FISCHE
+
TACHELES
+
KLARTEXT
+
OHNE UMSCHWEIFE
O.K.!

Meinung holen und geben

Sie möchten eine ehrliche, kritische Meinung zu Ihrer Arbeit hören? Oder Sie haben das Gefühl, Ihre Arbeit wird von Kollegen negativ gesehen? Kein Problem. Beides können Sie direkt ansprechen. Oft klärt sich dadurch eine Situation und die Arbeitsprozesse laufen besser.

Vorgehen

1. ***„Ich will kritisches negatives Feedback."***
   Dann frage ich einen Kollegen einfach: *„Hast du mal Zeit, mit mir meine Arbeit kritisch zu hinterfragen? Ich glaube, ich mache da ein paar Dinge nicht so gut und würde gerne deine ehrliche Meinung dazu hören."* Dabei bin ich an einem Austausch interessiert und möchte die Perspektive des anderen einholen und verstehen.

2. ***„Jemand ist mit meiner Arbeit unzufrieden."***
   Wenn das Gefühl besteht, dass der andere sich an meiner Arbeit stört, oder dass ich irgendetwas falsch gemacht habe, kann ich als Feedback-Holender fragen: *„Ich habe das Gefühl, dass Sie mit meiner Arbeit nicht zufrieden sind. Stimmt das?"*

   Falls ja: *„Könnten Sie mir in einem ersten Schritt Ihre Wahrnehmung – auf mich bezogen – schildern? Gerne erst einmal die reine Beobachtung ohne Bewertung. Das würde mir schon helfen."*

   Ist die Beobachtung des anderen nicht vollständig und liegt hier ein Missverständnis vor, können Sie das gleich klären. Liegt aber kein Missverständnis vor, wird weitergefragt: *„Was könnte ich denn anders machen?"*, *„Was würden Sie sich von mir wünschen?"* Oder: *„Was würden Sie an meiner Stelle tun?"*, *„Warum wäre das hilfreicher aus Ihrer Perspektive?"* Das Gespräch beenden können Sie etwa so: *„Vielen Dank für Ihre Offenheit. Ich werde darüber nachdenken."*

Rahmen

Die Dauer des Gesprächs ist situationsabhängig.

Blumensträuße von vielen

Ratschläge vom Team

So kommen Sie schnell an viele Ratschläge: Fragen Sie das Team.

Vorgehen

Man schildert das Anliegen, stellt die persönliche Herausforderung dar und bittet das Team, Empfehlungen/Tipps zu geben. Wer mag, bietet dann einen Ratschlag aus eigener Perspektive und Erfahrung an. Die Feedback-Holende hört zu, fragt nach und entscheidet dann in Ruhe für sich, was sie davon annehmen möchte.

Der „Blumenstrauß" an Ratschlägen ist sowohl für die Feedback-Holende als auch für das Team gleichermaßen interessant, weil alle die verschiedenen Sichtweisen auf eine Herausforderung hören. Dabei lernt jede etwas.

Eine Variation ist, ein kleines Rollenspiel durchzuführen. Manchmal reichen Worte nicht, und dann ist es einfacher, man zeigt, worum es geht, indem man die Situation simuliert.

Rahmen

Es dauert etwa 5–15 Minuten. Als Zeitpunkt eignet sich zum Beispiel das Ende eines Meetings.

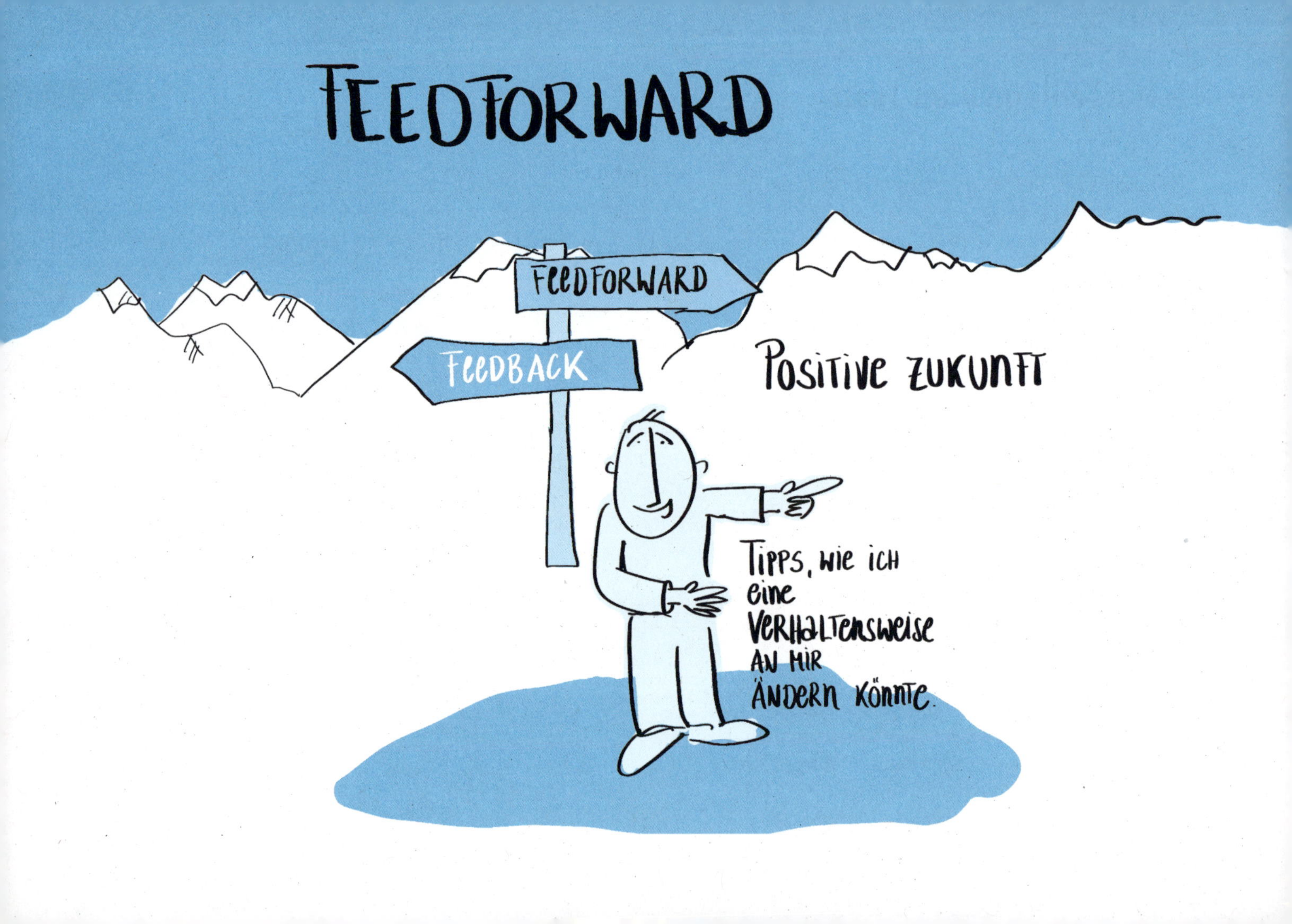
FEEDFORWARD
FEEDFORWARD
FEEDBACK
POSITIVE ZUKUNFT
TIPPS, WIE ICH EINE VERHALTENSWEISE AN MIR ÄNDERN KÖNNTE.

Feedback zu Potenzialen

Bei diesem Gespräch liegt der Fokus auf der Zukunft und auf konkreten Verhaltensänderungen, weniger auf dem, was war. Der Feedback-Holende und der Feedback-Gebende beschäftigen sich mit dem Potenzial des Holenden und mit dessen neuen Möglichkeiten. Das Feedforward kann von einzelnen Personen durchgeführt werden oder findet im Team statt.

Vorgehen

Der Feedback-Holende wählt ein Verhalten von sich, das er ändern möchte. Das Verhalten sollte sich so ändern, das es sich positiv auf sein Leben auswirkt.

Er beschreibt sein Verhalten dem Feedback-Gebenden und bittet ihn, ihm zwei Vorschläge zu machen, die ihm helfen können, sich eine positivere Verhaltensweise anzueignen. Die Anregungen dürfen sich nur auf die Zukunft beziehen. Der Feedback-Holende hört sich die Vorschläge an und macht sich Notizen.

Er kann Rückfragen stellen, jedoch nicht die Vorschläge kommentieren (negativ oder positiv).

Danach kann der Feedback-Holende jemanden andern nach Feedforward Feedback fragen.

Rahmen

Im ganzen Team dauert das Feedforward etwa 10–15 Minuten. Die Teilnehmenden haben dann etwa sechs bis sieben Dialoge mit verschiedenen Feedforward-Gebenden à zwei Minuten.

GUTE GRUNDLAGEN FÜR PICK-UP RATSCHLAG

EIN GUTES NETZWERK AUS WISSEN + ERFAHRUNG

EIN GUTES BAUCHGEFÜHL, WANN MIR EIN RATSCHLAG HELFEN KÖNNTE

TIEFER BOHREN DURCH NACHFRAGEN

Was sollte die Feedback-Holende tun?

1. Bauen Sie ein persönliches Netzwerk im Unternehmen auf und lernen Sie Menschen kennen. Ein gutes Netzwerk ist ein gutes Erfahrungs- und Wissensnetzwerk.

2. Reflektieren Sie, ob ein Ratschlag-Feedback in Ihrer jetzigen Situation hilfreich wäre. Wenn ja, dann ...

3. ... fragen Sie die Person Ihrer Wahl (oder ein Team), ob sie Ihnen einen Ratschlag geben möchte und machen dann einen Termin. Manchmal kann man es aber auch ganz spontan machen, oder vor oder nach einem Meeting. Auch hier sind Sie frei in der Wahl, wann, wie und wo das Gespräch stattfinden soll. Am besten ist, wenn alle sich wohlfühlen.

4. Bei einem Gespräch: Beginnen Sie das Gespräch und formulieren das Ziel. Beispiel: *„Ich möchte gerne von Ihren Erfahrungen in Situationen wie XY lernen. Wie würden Sie an meiner Stelle reagieren? Vielleicht haben Sie schon Ähnliches erlebt? Dann würde ich gerne von Ihren Erfahrungen hören, vielleicht kann ich daraus ja Erkenntnisse ziehen, die mir weiterhelfen."*

5. Fragen Sie nach der Aussage der Feedback-Gebenden nach: *„Was genau meinen Sie damit? Was haben Sie konkret getan? Was hat das bei Ihnen ausgelöst? Wie haben die anderen reagiert? Würden Sie sich in einer ähnlichen Situation wieder so verhalten?"*

COACHING-METHODEN

Coaching

Beim Coaching werden vom Feedback-Gebenden keine möglichen Lösungsvorschläge gemacht, wie bei dem Ratschlag-Feedback. Stattdessen wird hier gemeinsam an der Lösung einer Herausforderung gearbeitet. Die Themen können die persönliche Entwicklung sein oder auch spezielle Arbeitssituationen, in denen man besser agieren und reagieren möchte.

Ein gutes coachendes Feedback fördert die Selbstreflexion, hilft beim Umgang mit Herausforderungen und stärkt den Feedback-Holenden. Mit den richtigen Coaching-Fragen werden im Gespräch Blockaden gelöst. Neue Ideen treten zu Tage und dem Feedback-Holenden wird die Situation oft klarer als vor dem Gespräch.

Für das Coaching-Feedback kann in einem ersten Schritt ein Kollege gefragt werden, dem Sie vertrauen und den Sie schätzen. Ist das Vertrauensverhältnis in Ihrem Team sehr gut, dann kann das Gespräch auch mit Mitarbeitenden geführt werden.

Das Coaching erfordert eine Coaching-Kompetenz beim Feedback-Gebenden, daher ist dies eine sehr anspruchsvolle Feedback-Art. Es ist hilfreich, wenn der Feedback-Holende zum Gespräch einweisende Erläuterungen gibt (s. S. 67 und S. 85).

Klären Sie zuerst mit Ihrem ausgewählten Coach, ob ein Coaching für beide die richtige Methode ist, ob es zum Anlass passt und ob die „Chemie" stimmt. Hier geht es um ein Gespräch auf Augenhöhe.

Verabreden Sie einen Termin von 1–2 Stunden. Wenn Sie die Möglichkeit haben und es Sinn macht, dann nutzen Sie einen (störungsfreien) Raum außerhalb der Firma. In anderer Umgebung hat man eine Distanz zur Arbeit und kommt so auf neue Ideen. Coaching im Unternehmen hat allerdings den Vorteil, dass man sich bestimmte Arbeitssituationen direkt anschauen und Veränderungen ausprobieren kann.

COACHING

– keine Beratung

Für Getränke sollte gesorgt sein. Es kann hilfreich sein, wenn es die Möglichkeit zur Visualisierung gibt (Flipchart, Whiteboard u.Ä.). Ein Spaziergang wiederum bietet dem „Coach" die Möglichkeit, mit Metaphern kreativ zu werden: *„Wenn Sie diesen Baum anschauen. Was hat der mit Ihrem Problem gemeinsam?"*

Erläuterungen vor dem eigentlichen Gespräch

Bedanken Sie sich für die Bereitschaft des Coachs, ein Coaching-Feedback zu geben und bitten Sie um Vertraulichkeit. Benennen Sie das Thema, um das es Ihnen geht. Überlegen Sie sich vorher, wann das Gespräch für Sie erfolgreich wäre und schildern das dem Coach. Am besten, Sie schreiben Ihre „Erfolgskriterien" auf ein Flipchart oder Ähnliches. Dann gilt das als Orientierung und Ziel für das Gespräch und beide können immer wieder prüfen, ob Sie noch auf dem richtigen Weg sind.

Sagen Sie Ihrem Coach, dass es Ihnen helfen würde, wenn er keine Ratschläge gibt, sondern nur Fragen stellt, vielleicht auch Fragen, die ungewöhnlich sind. Auch ist es hilfreich, wenn der Coach das Gespräch immer wieder zusammenfasst. Unterstützend wirkt auch, wenn der Coach darstellt, was ihm im Gespräch auffällt und dazu nachfragt. Es kann sich zum Beispiel darum handeln, dass ein bestimmter Begriff häufig fällt. Oder dass er das Gefühl hat, dass noch mehr hinter einer Aussage steckt. Zuhören und fragen, strukturieren und ab und zu zusammenfassen, das hilft.

Der Coach sollte allparteilich und neutral sein. Alle am Thema beteiligten Personen, die benannt werden, sollten aus ihrer Perspektive mit einbezogen und verstanden werden. Jede Sichtweise ist mit Wertschätzung zu betrachten.

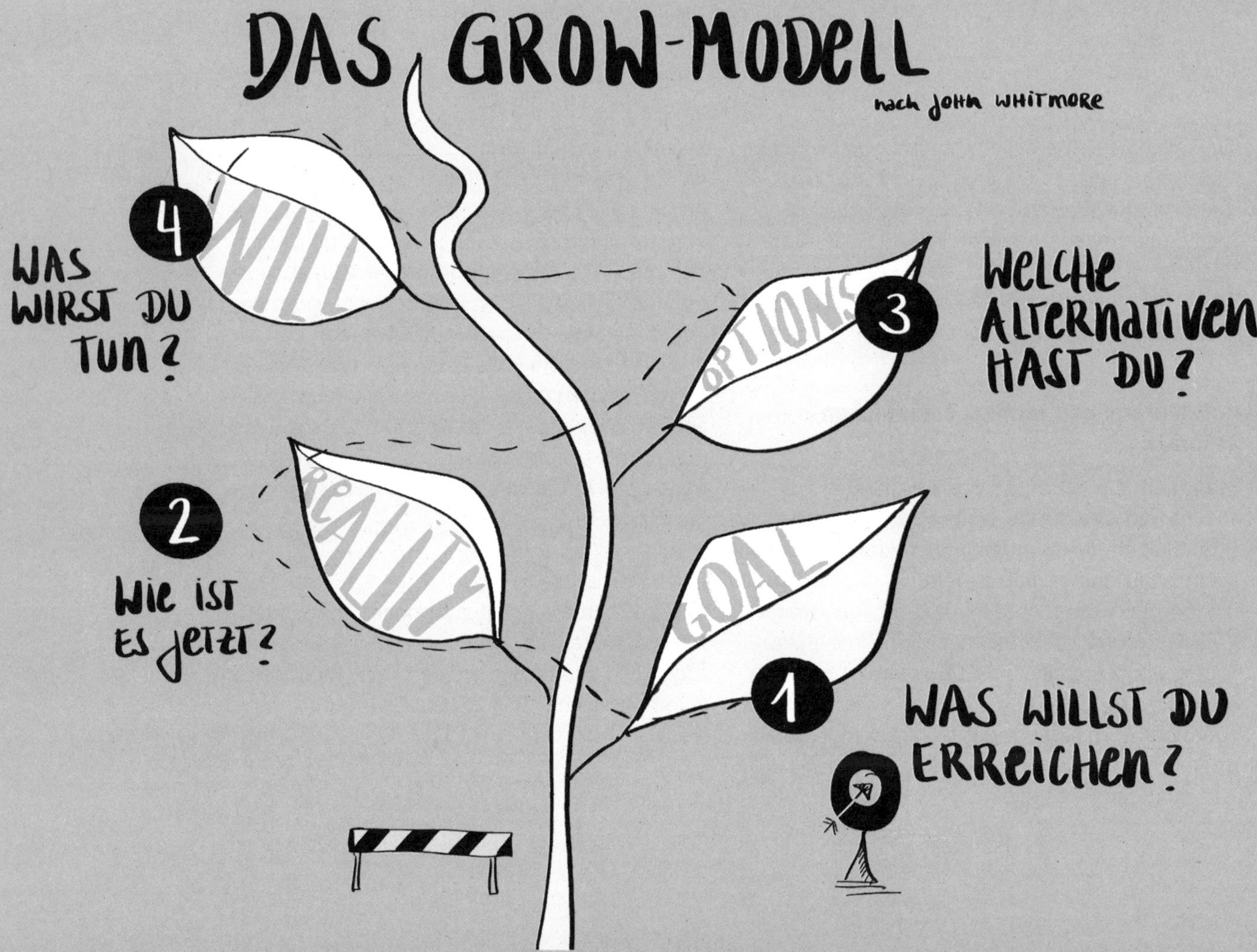
DAS GROW-MODELL
nach John Whitmore
4
WILL
WAS WIRST DU TUN?
3
OPTIONS
WELCHE ALTERNATIVEN HAST DU?
2
REALITY
WIE IST ES JETZT?
1
GOAL
WAS WILLST DU ERREICHEN?

Leitfaden für coachendes Feedback

Das Grow-Modell bietet eine einfache Methode zur Problemlösung und Zielsetzung in Coaching-Gesprächen. Statt Belehrungen bekommen Sie gute Fragen, die Sie selber die Problemlösung erarbeiten lassen. Und nichts ist so gut wie die eigene Idee – oder?

Vorgehen

Zuerst wird das Ziel erarbeitet. Dies ist entscheidend, da jetzt Klarheit besteht, was für den Coachee wichtig ist und worauf der Coach achten sollte. Folgende Fragen helfen bei der Zieldefinition:

- *„Was willst du erreichen?"*
- *„Welches Ergebnis erwartest du dann?"*
- *„Wie wirst du dich dann fühlen?"*
- *„Ist das realistisch?"* Und: *„Wird es messbar sein?"*

In Schritt 2 wird die Realität beschrieben. Hier ist darauf zu achten, dass der Coachee auch die Perspektiven von anderen einbezieht, damit er einen objektiveren und vielfältigeren Blick auf die Situation gewinnen kann.

- *„Wie ist die jetzige Situation? Was passiert gerade? (so präzise wie möglich)"*
- *„Wer ist involviert? Indirekt oder direkt?"*
- *„Sehen andere die Situation genauso oder anders? Und wenn ja, warum?"*
- *„Was passiert mit den Dingen, die schlecht laufen?"*
- *„Hast du schon versucht etwas zu ändern?"*
- *„Welche Einflussmöglichkeiten hast du noch, um die Situation zu verändern?"*
- *„Was fehlt in dieser Situation?"*

Danach werden viele alternative Handlungsoptionen für einen Ideen-Pool erarbeitet. Dies ist ein kreativer Prozess, um aus bestehenden Denkmustern auszubrechen und vielleicht Impulse für neue Interventionen zu bekommen.

- *„Welche Alternativen hast du? Bitte nenn mir ein paar brave und ein paar wilde Ideen – je mehr, desto besser."*

HANDLUNGSALTERNATIVEN ERARBEITEN
A ?
B ?
C ?
D ?

- *„Hättest du gerne auch einen Vorschlag von mir?"*
- *„Was sind die Vor- und Nachteile der Optionen?"*
- *„Welche Option sagt dir am meisten zu?"*

Zum Ende weiß der Coachee, was er will, wie die Situation sich für ihn darstellt und welches geeignete Handlungsmöglichkeiten für ihn wären. Jetzt geht es darum, die nächsten Handlungsschritte festzulegen und das Ziel konkret anzugehen. Maßgeblich hängt dies von der Willenskraft des Coachees ab. Der Coach kann im nächsten Schritt versuchen, Hürden und die Ressourcen dafür herauszuarbeiten.

- *„Was wirst du tun?", „Welche Option wählst du?"*
- *„Wann genau fängst du an und wann beendest du jeden Schritt?"*
- *„Welche Hürden und Widerstände könnten auftreten?"*
- *„Auf einer Skala von 1–10, wieviel Motivation und Engagement hast du die besprochenen Aktionen durchzuführen?", „Was hält dich von einer 10 ab?"*
- *„Gibt es jemanden der dich unterstützt?"*
- *„Gibt es noch etwas über das wir sprechen sollten und sind wir für den Moment fertig?"*

Rahmen

Es dauert 1–2 Stunden.

STILLES COACHING
ANTWORT
in
GEDANKEN

Sechs Fragen zur Bewusstwerdung

Dieses Coaching habe ich bei Prof. Jörg Schlee kennengelernt und war von dessen Wirkung beeindruckt. Sie können als Führungskraft eine Person darum bitten, dass sie Ihnen diese Fragen stellt oder auch andersrum selbst ihre Mitarbeitenden befragen. Es ist ein Klärungsprozess im Stillen, bei dem Sie bzw. Ihre Mitarbeitenden nicht laut antworten, sondern die Antworten für sich im Kopf klären.

Vorgehen

Bitten Sie Ihre Mitarbeiterin, ein wichtiges Anliegen im Kopf zu formulieren. Geben Sie Zeit zum Nachdenken und bitten Sie um ein Nicken, wenn das Anliegen formuliert ist. (Oder Sie warten etwa eine Minute pro Frage ab.) Jetzt stellen Sie folgende Fragen dazu, die die Mitarbeiterin für sich im Kopf beantwortet. Warten Sie auf das Nicken, bevor Sie mit der nächsten Frage fortfahren.

- *„Was fühlen Sie?"*
- *„Was erwarten Sie?"*
- *„Was wollen Sie?"*
- *„Was befürchten Sie?"*
- *„Was wollen Sie?"* (Die Wiederholung ist Absicht)
- *„Was tun Sie?"*
- *„Was vermeiden Sie?"*
- *„Also, was vermeiden Sie?"*
- *„Und was wollen Sie?"*
- *„Und was fühlen Sie jetzt?"*

Nach der letzten Frage können Sie sich gerne erkundigen, ob eine Klärung stattgefunden hat. Vielleicht möchte Ihre Mitarbeiterin einige Erkenntnisse noch aufschreiben. Geben Sie auch dafür Raum und Zeit.

Rahmen

Die Reflexion dauert etwa 10 Minuten.

FEEDFORWARD-COACHING

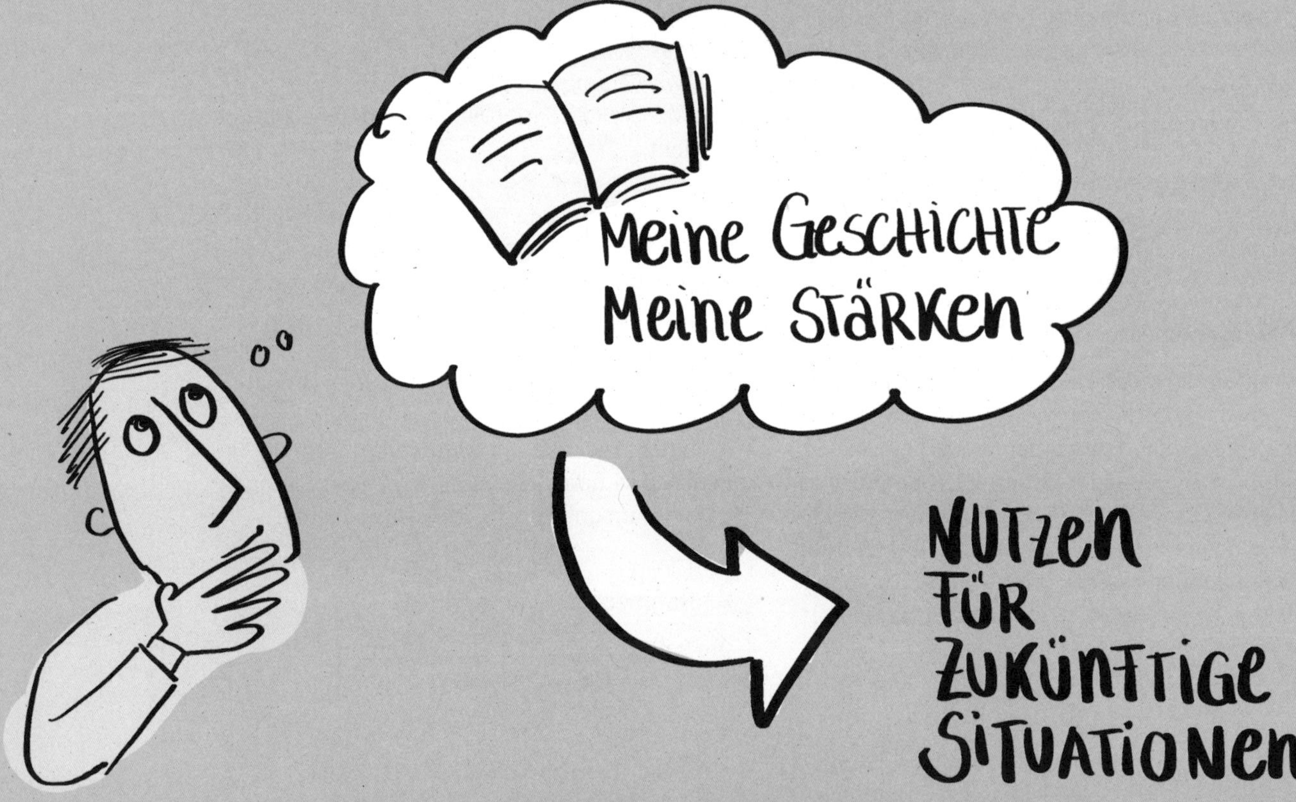

Coachendes Interview mit positivem Fokus

Das Feedforward-Interview ist ein coachendes Interview, das auf die persönlichen Stärken des Feedback-Holenden fokussiert sowie auf positive Erlebnisse aus dessen Vergangenheit. Dadurch wird die Aufmerksamkeit auf das Positive gelenkt und die Resilienz des Feedback-Holenden gestärkt.

Vorgehen

Zuerst wird der Feedback-Holende gebeten, sich zu erinnern: *„Erinnere dich an deine positiven Erfahrungen bei der Arbeit."*

Folgende Fragen können dann dazu in einem Feedforward-Gespräch gestellt werden. Sie werden laut beantwortet:

- *„Kannst du dich an eine Situation erinnern, bei der du dich besonders glücklich und energievoll gefühlt hast, unabhängig von den Ergebnissen?*
- *Kannst du mehr dazu erzählen? Wie war das damals? Welchen Höhepunkt hat die Geschichte? Wie hast du dich dabei gefühlt?*
- *Unter welchen Bedingungen konnte sich diese Situation ereignen (in der Organisation, bei anderen, bei dir)?*
- *Was waren damals deine Stärken?*
- *Was bringt dich aktuell näher an deine Stärken und was bringt dich davon weg?*
- *Inwieweit ist die Situation heute der ähnlich, über die du positiv erzählt hast?*
- *Gibt es jemanden, der dich unterstützen kann?"*

Rahmen

Das Feedforward-Coaching dauert etwa 30–60 Minuten.

WUNDERFRAGE

„WAS WÄRE AM NÄCHSTEN MONTAG ANDERS, WENN SICH ALLE DEINE WÜNSCHE ERFÜLLT HÄTTEN?"

Eine Zielvorstellung als Ausgangspunkt

Die Wunderfrage bringt die Sehnsucht nach einem idealen Zustand stärker in das Bewusstsein. Es entsteht eine Vorstellung, bei der auf einmal auf der Arbeit alles möglich wird. Und der gefragten Person wird dadurch klarer, was sie gerne bei der Arbeit anders und besser haben möchte. Sie erzählt eine Zielvorstellung, eine Vision und das ist der erste Schritt, um die Motivation zu wecken, weitere Schritte in diese Richtung zu gehen.

Vorgehen

Als Führungskraft bitten Sie beispielsweise eine Kollegin oder eine Mitarbeiterin, der Sie sich verbunden fühlen, ein Coaching-Gespräch mit Ihnen zu führen und dabei die „Wunderfrage" zu stellen. Die von Ihnen gewählte „Coach" fragt:

„Angenommen, du kommst nach dem Wochenende wieder ins Büro und über das Wochenende hat sich alles so verändert, wie du es dir wünschst. Beschreibe, was passiert, Schritt für Schritt, wenn du wieder im Büro bist. Wie verläuft der Montag und die ganze Woche?"

- *„Was für Unterschiede fallen dir bei den anderen auf?"*
- *„Wie verhältst du dich?*
- *„Hat sich etwas in der Umgebung geändert?"*
- *„Sieht es im Unternehmen anders aus? Beschreibe es gerne im Detail."*

Und später: *„Würde es in deiner jetzigen Situation helfen, wenn sich eines der Dinge, die du beschrieben hast, tatsächlich ändert? Was müsste passieren, damit das geschieht? Was könntest du dafür tun?"*

Rahmen

Das Sprechen über die Wunderfrage dauert 30 Minuten oder länger.

COACHING-KATA
START YOUR COACHING KATA
00 : 00
FEEDBACK
10 Min.
GUTE ANLEITUNG

Coaching per App

Eine einfache Möglichkeit, zu coachen und sich coachen zu lassen, bietet die App „Coaching-Kata“. Die App wird kostenfrei von dem Unternehmen „Lean Partners“ (LPPG) zur Verfügung gestellt und unterstützt auch weniger Coaching-Geübte.

Die Idee der App ist, Fragen so zu stellen, dass der Coachee sich kleine, von ihm sofort umsetzbare Schritte überlegt, die ihn näher an einen Zielzustand bringen. Dadurch, dass regelmäßig und in kurzen Sequenzen (10–15 Minuten) an dem Zielzustand gearbeitet wird, ist dieser sehr präsent und die eigenen Lernerfolge werden kontinuierlich reflektiert. Das steigert die Motivation und fokussiert auf einen gewünschten Zustand. Die Methode orientiert sich an Standards des Qualitätsmanagements, sie kann jedoch auch für die Weiterentwicklung von Soft Skills genutzt werden. Dazu werden die Fragen angepasst, was bedeutet, dass der Zielzustand ggf. nicht mit Zahlen angegeben werden kann.

Hilfreich ist es, das Coaching zu visualisieren und die Lernerfolge an einem Storyboard (s. Bild auf der nächsten Seite) festzuhalten.

Vorgehen

Das Gespräch besteht aus fünf Kernfragen. Zu den Kernfragen werden differenzierte, vertiefende Fragen angeboten, die individuell angepasst werden können.

1. *Was ist der Zielzustand?*
   - *Kannst du den Zustand mit Zahlen angeben?*
   - *Bis wann willst du dein Ziel erreicht haben?*
   - *Was ist das angestrebte Prozessmuster?*
   - *Welche Prozessschritte und Reihenfolgen sind notwendig?*
   - *Welche Verbindung hat der Zielzustand zu der übergreifenden Herausforderung?*

1 ZIELZUSTAND
2 MOMENTANER ZUSTAND
3 HINDERNISSE
4 NÄCHSTER SCHRITT
5 WANN SEHEN WIR UNS AN, WAS DU AUS DIESEM SCHRITT GELERNT HAST?

2. *Was ist der momentane Zustand?*
   - *Was war dein letzter Schritt?*
   - *Welche Wirkung hast du erwartet?*
   - *Was ist tatsächlich eingetreten?*
   - *Was hast du aus deinem Schritt gelernt?*

3. *Welche Hindernisse halten den Prozess davon ab, den Zielzustand zu erreichen?*
   - *Welches* **eine** *Hindernis willst du angehen?*
   - *Welche Ursache vermutest du?*

4. *Was ist deshalb dein nächster Schritt?*
   - *Was genau willst du jetzt tun?*
   - *Was hast du erwartet?*

5. *Wann können wir uns ansehen, was du aus dem Schritt gelernt hast?*
   - *Was kannst du dazu heute noch tun?*

Rahmen

Der Coaching-Termin sollte täglich stattfinden. Nützlich ist es, einen bestehenden Regeltermin zu nutzen und anschließend das Coaching durchzuführen. Es dauert jeweils etwa 10–15 Minuten.

SHADOWING + COACHING

Begleitung mit Ratschlag und Wertschätzung

Beim Shadowing begleitet Sie eine „Schatten-Coach“ über einen Tag. Ihre Aufgabe: Sie zu beobachten, die Beobachtungen zu notieren und am Ende des Tages mit Ihnen zu besprechen.

Vorgehen

Bitten Sie eine Person Ihres Vertrauens, Sie einen Tag lang bei Ihrer Arbeit zu beobachten. Wählen Sie dazu einen Tag aus, an dem Ihr „Schatten“ einen guten Einblick in Ihr Arbeiten bekommt. Je nach Ihren Wünschen kann die Beobachtende

- nach Ihren blinden Flecken Ausschau halten,
- eine Führungsstärken-Analyse machen,
- konkrete Vorschläge zur Verbesserung der Kommunikation im Unternehmen und mit Kunden machen oder
- Tipps geben, um Abläufe im Unternehmen zu optimieren.

Was Sie beachten sollten: Wie wird Ihr Schatten vorgestellt? Möchten Sie Zwischen-Feedback haben oder eher am Ende des Tages einen Gesamtrückblick? Möchten Sie Notizen oder auch Tonaufnahmen etc. haben/machen?

Und: Denken Sie an die über 24 Wahrnehmungsverzerrungen (s. S. 107). Auch Ihre Beobachterin kann nur ihre Sicht auf die Dinge wiedergeben. Es ist daher nur Feedback.

Rahmen

Das Shadowing dauert einen Arbeitstag oder kürzer.

GUTE GRUNDLAGEN FÜR PICK-UP COACHING

KLARHEIT: WAS MÖCHTE ICH KLÄREN?

WAS IST FÜR MICH DIE BESTE COACHING-METHODE?

ERKENNTNISSE IN EINEM „BUCH" FESTHALTEN

Was sollte ein Coachee tun?

Wenn man ein Coaching-Feedback möchte, sollte man sich über eine Frage vorher Gedanken machen: *„Nach Ablauf des Coachings: Wann wäre ich zufrieden? Was müsste passiert sein?"* Die Antwort darauf sollte der Coach gleich zu Anfang erfahren, damit er an diesem Ziel entlang Fragen stellen kann.

Vielleicht nehmen Sie dieses Buch zu dem Coaching-Gespräch mit hinzu oder stellen es vorab zum Einlesen zur Verfügung. Klären Sie vor dem Gespräch, welches die beste Methode für Sie und den Coach ist. Jetzt hat der Coach ein Ziel und einen Leitfaden mit Fragen, die er situativ nutzen kann.

Auch beim Coaching ist es hilfreich, wenn Sie sich Ihre Erkenntnisse im Anschluss an das Coaching in ein Notizbuch schreiben.

Fragen Sie eventuell am Ende des Coachings nach einem Wertschätzungs-Feedback vom Coach. *„Welche Stärken sind Ihnen an mir aufgefallen?"* Der Coach geht hier aus der Rolle eines Coaches heraus, aber das könnte am Ende des Gespräches hilfreich sein.

EVALUATIONS-METHODEN

Evaluation

Eine Evaluation als Feedback ist ziel- und zweckorientiert und beinhaltet eine bewertende Stellungnahme, eine Einschätzung. Ein solches Feedback wünsche ich mir als Führungskraft, wenn ich etwa wissen möchte, wie gut ich meine Arbeit strukturiere, Arbeitsinhalte erfülle und Arbeitszeiten effizient nutze. Ziel ist es, meine Kompetenzentwicklung zu fördern, und auch meine Leistungsbereitschaft und -fähigkeit für das Unternehmen zu steigern. Dies ist ein Lernprozess, der mittels Daten unterstützt werden kann.

Auf den Punkt könnte man den Anlass für das Evaluations-Feedback so formulieren *„Ich will einen guten Job machen! Mache ich den? Welche Daten, Befunde und Einschätzungen können herangezogen werden, um mir als Führungskraft/ Mitarbeiterin ein Feedback zu geben?“*

Die Daten ermöglichen es mir, objektive Informationen heranzuziehen, um meine Leistungen gemeinsam mit jemand anderem einschätzen zu können. Die herangezogenen Daten und Befunde sind in der Regel begründet zu bewerten.

OKR-METHODE

OBJECTIVE: [ZIEL]
WO WILL ICH HIN?
WAS MÖCHTE ICH ERREICHEN?

KEY RESULT: [ZAHL]
WAS MUSS ICH TUN, UM DORT HINZUKOMMEN UND WIE KANN ICH DAS MESSEN?

OBJECTIVE = KR 1 + KR 2 + KR 3 ...

DAS OBJECTIVE IST ERREICHT, WENN ALLE ZUGEORNETEN KEY RESULTS ERREICHT SIND.

↗ UNTERNEHMENSEBENE
↓ ABTEILUNGEN
↓ TEAM
↓ INDIVIDUUM

Zielorientiertes Feedback

Die OKR-Methode stellt eher ein Rahmenwerk dar. Sie ist nicht streng vorgegeben, sondern passt sich individuell an Unternehmen und Personen an. Sie bietet sich für Führungskräfte und das Management an, weil sie sich auf Klarheit, Transparenz und Feedback konzentriert. Es wird alle drei Monate reflektiert, inwieweit man die selbst gesteckten qualitativen Ziele („Objectives") erreicht hat und welche quantitativen „Key Results" (Zahlen) erfüllt wurden.

Ein Beispiel für „Objectives" wäre „Signifikante Verbesserung im Kundenkontakt". Key Results sind quantitativ messbar, eindeutig und können am Ende mit Ja oder Nein beantwortet werden, sie können dann zum Beispiel in diesen Bereichen liegen „Reduzieren der E-Mails durch direkte Gespräche am Telefon" und „Anzahl der Kundenbesuche vor Ort durch den Vertrieb".

Ziele können sowohl auf der operativen als auch auf der Management-Ebene festgelegt werden. Langfristige Unternehmensziele werden in kurzfristigere Ziele der verschiedenen Teams „übersetzt". Dadurch werden diese erlebbar und konkret auf Führungs- und Mitarbeiterebene. Dazu sollten sie auch einfach, positiv und verständlich sein. Die Ziele sind inspirierend und fordern zu Handlung auf.

Vorgehen

Die Unternehmensziele, die mittelfristigen Ziele, sind Ihnen bekannt. Erarbeiten Sie auf dieser Grundlage, welche Ziele Sie persönlich oder mit Ihrem Team in Ihrem Bereich in den nächsten drei Monaten erreichen können, die auf die mittelfristigen Ziele des Unternehmens einzahlen. Es kann sich dabei um Ihre persönlichen Ziele handeln oder um Ziele, die Sie mit Ihrem Team erreichen wollen. Das Erarbeiten dieser Ziele kann alleine, mit Kolleginnen, oder auch mit Ihrem Team erfolgen – sofern es sich um gemeinsame Ziele handelt. Nachfolgend gehe ich von der Variante **„persönlich gesetzte Ziele"** aus, die Sie am besten mit einer Vorgesetzten oder Kollegin absprechen.

Strategie und OKR-Zyklus
mit Feedback
2-5 Jahre
Leitbild, Vision, Strategie, Mission
Mittelfristige Ziele
[1 Jahr]
OKR Abgleich
aller Ziele
OKR Check-in
1 x Woche, Fortschritt bewerten
Feedback
OKR Review
alle 3 Monate
Bewertung Zielerreichung
Feedback
OKR Retrospektive
Reflexion der Arbeitsweise nach Review
Feedback
OKR Planung

In einer wöchentlichen Routine checken Sie für sich, ob Ihre Arbeit in der vergangenen Woche in Ihre Drei-Monats-Ziele eingezahlt hat. Ein Ampelsystem zu den jeweiligen Zielen pro Woche kann einen guten Überblick geben.

Nach drei Monaten setzen Sie sich wieder mit den Kolleginnen zusammen und überprüfen, ob Sie die gesetzten Ziele erreicht haben und bewerten gemeinsam Ihre Leistungen. (Evaluation)

In der anschließenden Retrospektive werden die Arbeitsprozesse und Arbeitsweisen betrachtet. Dazu werden folgende Fragen beantwortet: *„Womit sollte ich aufhören?", „Wovon sollte ich mehr machen?", „Wovon sollte ich weniger machen?", „Womit sollte ich anfangen?", „Was sollte ich beibehalten?"* Hier ist die persönliche Reflexion aus Ihrer Sicht wichtig. Sie können in dieser Situation auch gerne die Kolleginnen um Ratschläge oder Einschätzungen bitten.

Nach der Retrospektive beginnt die Planung der Ziele für die nächsten drei Monate.

Um diese Methode für sich selber zu nutzen, reicht eine kurze Erläuterung. Um diese Methode darüber hinaus zu nutzen, empfiehlt sich eine intensivere Auseinandersetzung. Die Methode ist derzeit bei Fortbildungen beliebt und bietet viel mehr Möglichkeiten, als hier aufgeführt. Einen ersten guten Überblick gibt Kudernatsch (2020): „Toolbox Objevctives and Key Results".

Rahmen

Die Dauer ist individuell. Die Anpassung erfolgt alle drei Monate, sowohl auf Unternehmenseben, als auch im Team oder als Mitarbeiterin. Die OKR-Methode ermöglicht eine agile Anpassung an sich ändernde Rahmenbedingungen am Markt. Bei dieser Art von Evaluations-Feedback hat man alle drei Monate eine Routine, um seine Zielerreichung zu überprüfen und ggf. an der Arbeitsweise und an den Arbeitsprozessen zu arbeiten.

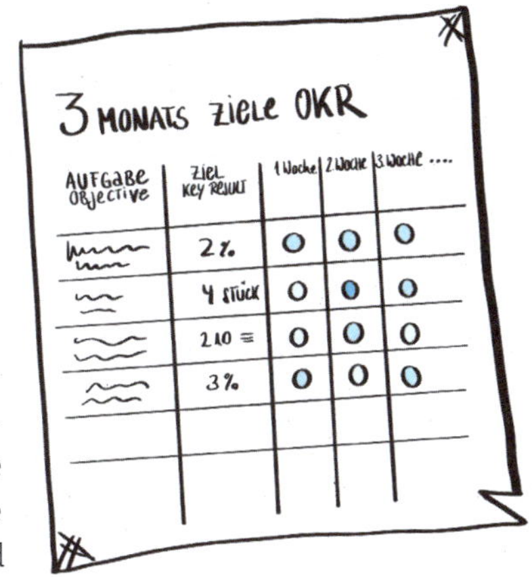

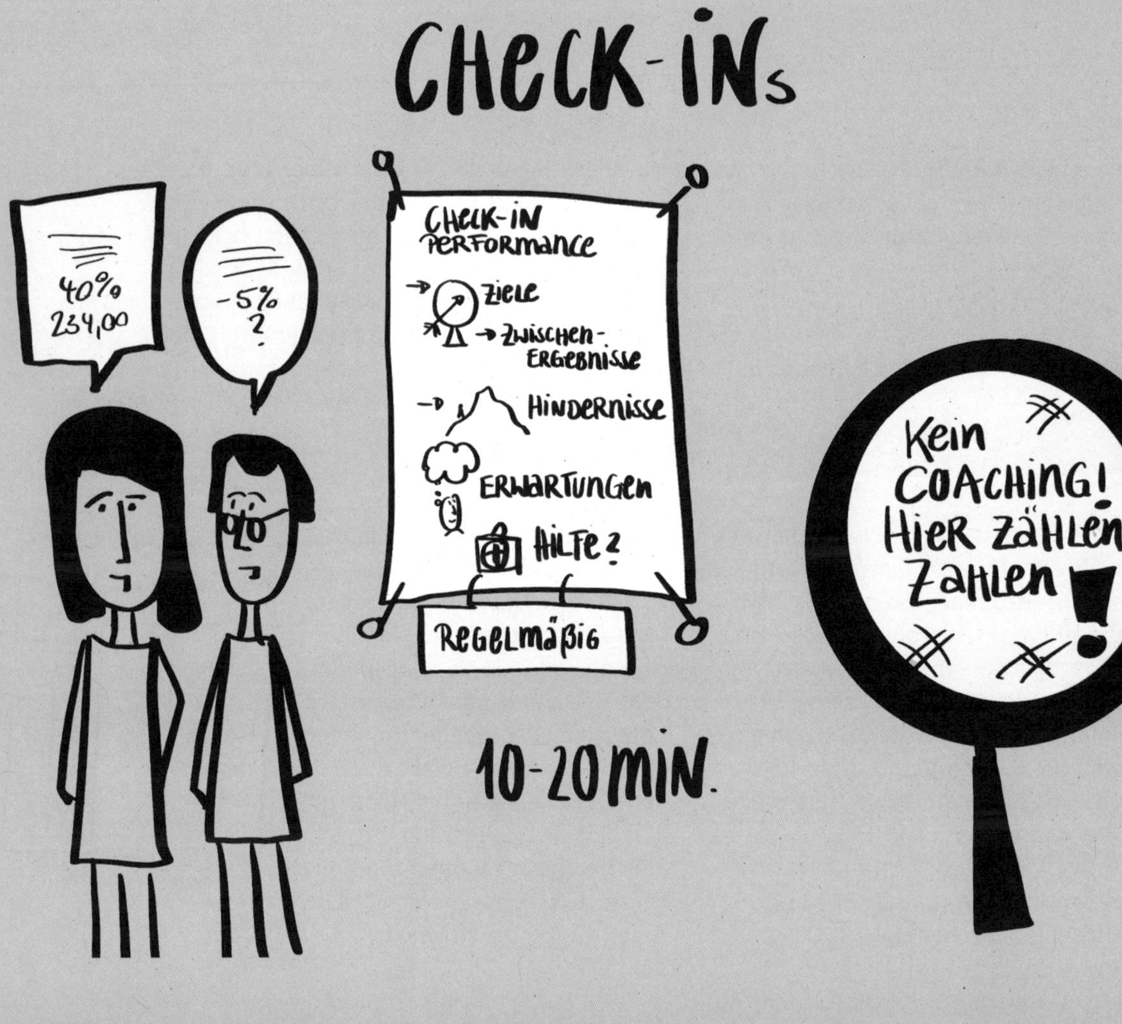

CHECK-INs
40%
234,00
-5%
?
CHECK-IN PERFORMANCE
Ziele
Zwischen-Ergebnisse
Hindernisse
Erwartungen
Hilfe?
Regelmäßig
10-20 min.
Kein COACHING! Hier zählen Zahlen!

Regelmäßige Performance-Feedbacks

Hierbei handelt es sich um regelmäßige Gespräche, in denen Ziele fokussiert, Zwischenergebnisse besprochen und Hindernisse benannt werden. Erwartungen werden von mehreren Seiten betrachtet und es werden Hilfsangebote wie Schulungen und Trainings organisiert. Die Check-ins sind nicht so stark formalisiert wie die OKR-Methode, aber auch hier setzt man sich Ziele und es werden Daten herangezogen, um die eigene Leistung bewerten zu können.

Vorgehen

Suchen Sie sich eine feste Person oder einen Kreis, mit dem Sie die Check-ins durchführen wollen. Vielleicht bietet sich ein Kollege an, um sich gegenseitig zu unterstützen und abwechselnd bei der Performance zu evaluieren? Nutzen Sie einen ungestörten Raum und begrenzen sich auf 10–20 Minuten. Bereiten Sie Leitfragen vor und beantworten Sie diese dann. Verändern Sie die Fragen so, dass Sie gut damit arbeiten können. Notieren Sie die Ergebnisse des Gespräches, damit Sie einen Verlauf erkennen.

- Welche Ziele habe ich? Bis wann will ich diese erreichen?
- Welche Zwischenergebnisse will ich erzielen? Bis wann?
- Welche Hindernisse/Herausforderung könnte es geben? Welche Lösungen gibt es?
- Welche Erwartungen habe ich, an mich? An andere?
- Brauche ich Unterstützung? Von wem? Was? Wann?

Hinterlegen Sie die Ziele mit überprüfbaren Daten und Fakten und evaluieren Sie regelmäßig, ob Sie diese erreicht haben. Je regelmäßiger Sie die Check-ins machen, um so besser lernen Sie, Ziele und Leistungen einzuschätzen – unter dem Vorbehalt, dass sich Situationen auch unvorhergesehen ändern können.

Rahmen

Die Check-ins dauern 10–20 Minuten, regelmäßig alle 2–4 Wochen. Das Konzept der „Check-ins“ vertieft das Buch von Werkmann-Kracher (2019).

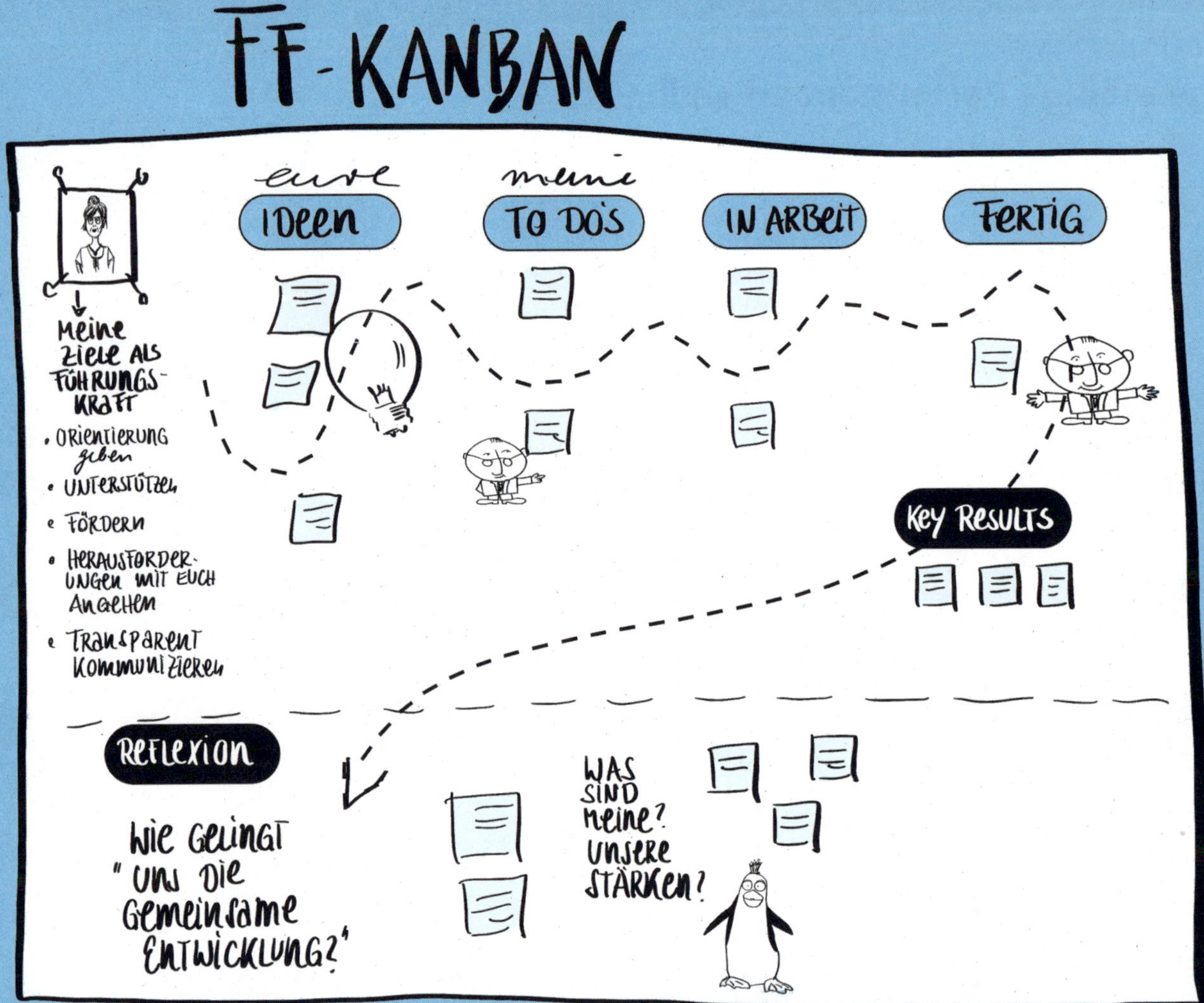
FF-KANBAN
eure
IDeen
meine
TO DO'S
IN ARBEIT
FERTIG
Meine Ziele als Führungskraft
• Orientierung geben
• Unterstützen
• Fördern
• Herausforderungen mit euch angehen
• Transparent kommunizieren
Key Results
Reflexion
Wie gelingt "uns die gemeinsame Entwicklung?"
Was sind meine? unsere Stärken?

Feedback für die Führungskraft am Board

Die meisten Unternehmen haben ausgearbeitete Führungsleitlinien, die dann im besten Fall irgendwo aufgeschrieben hängen. Sie sind sinnvoll, um gemeinsam eine Richtung festzulegen. Was das nicht ersetzt, ist, sich individuell mit den Leitlinien auseinanderzusetzen. In einigen Unternehmen, in denen ich tätig war, konnten sich die Führungskräfte nicht oder kaum noch an die Leitlinien erinnern. Wie wird man also eine Führungskraft, die ihrem Team Orientierung gibt, es unterstützt und fördert, um gemeinsam die Unternehmensziele zu erreichen? Am besten, man fragt sein Team. Das Team gibt Vorschläge und Einschätzungen, wie Sie als Führungskraft noch besser werden könnten. Eine Methode dafür ist das „Führungskraft-Feedback-Kanban" (FF-Kanban).

Vorgehen

Das FF-Kanban kann ein Whiteboard oder ein Flipchart sein, auf das man folgende Rubriken einträgt: Ideen – To do – In Arbeit – Fertig – Reflexion.

Der Auftakt zur Arbeit mit dem Board geschieht in einem Meeting. Dabei wird Sinn und Zweck des Boards erläutert. Als Führungskraft kann man selber mit einer ersten Idee anfangen. Das heißt, ein Post-it in diese Rubrik hängen und das Team im Anschluss bitten, ebenfalls Ideen zu formulieren.

Die Mitarbeiterinnen können auf diesem Board unter „Ideen" qualitative Ziele formulieren: Was sie von ihrer Vorgesetzten erwarten, damit die Arbeit besser gemeistert werden kann und welche vorhandenen Stärken die Führungskraft in Zukunft vermehrt mit einbringen sollte. Dies können Soft Skills oder Ideen für effektivere Arbeitsprozesse oder Arbeitsmittel sein. Wenn es sich bei den Ideen nicht um Soft-Skill-Themen handelt, sollten bei der Begründung auch Daten und Fakten herangezogen werden. Zudem sollte in dieser Rubrik begründet werden, warum die Idee sinnvoll ist

Alle Ideen werden besprochen und die Führungskraft erläutert ihre Entscheidungen, warum sie

FEEDBACK-BOARD
OLD SCHOOL
NEW SCHOOL
FÜHRUNGS-LEITLINIEN
1. WIR ....
2. WIR ...
3. WIR ...
GUT, DASS WIR DIE FÜHRUNGS-LEITLINIEN AUF-GESCHRIEBEN HABEN. DAS BERUHIGT DAS GEWISSEN
ICH MÖCHTE MEINE ARBEIT ALS FÜHRUNGS-KRAFT VERBESSERN UND MÖCHTE GERNE WISSEN, WIE ICH EURER MEINUNG NACH BESSER WERDE.
KONKRET UND OFFEN FÜR UNSERE MEINUNG. SPANNEND.

welche Idee umsetzen will und welche (jetzt noch) nicht. Je nach Prozessstand hängt die Führungskraft eine Idee ins To-do, wenn die Idee bearbeitet wird. Sie wandert dann weiter in die Rubrik „In Arbeit" und, wenn sie abgeschlossen ist, in die Rubrik „Fertig".

Das FF-Kanban-Board ersetzt ein wenig den Kummerkasten, den es früher gab. Es ist eine transparente Art, in einer offenen, wertschätzenden Kultur Feedback zu holen und zu geben.

Rahmen

Das Board mit dem FF-Kanban kann nach der Auftakt-Erklärung im Büro der Führungskraft hängen. Transparent für jede, die im Büro ist. Das Board sollte jederzeit von Teammitgliedern gefüllt werden. Schauen Sie, was kommt. Manchmal ist es viel, manchmal kommt wenig oder nichts. Auch hier braucht es Geduld, bis eine neue Methode greift und die Teammitglieder erkennen, dass es Ihnen ernst ist.

Einmal im Monat können Sie im Meeting eine Reflexion geben über die Dinge, die Sie umgesetzt haben und über das, was Sie nicht umsetzen wollen. Wichtig sind auch hier immer Begründungen. Holen Sie sich gerne aktiv Ratschlag-Feedback, wenn Sie es für wichtig erachten.

EVALUATIONS-TACHO

„Wie geht es mir?“ „Wie geht es meinem Team?“

Dieses Arbeitsposter nutze ich gerne, um einen schnellen Überblick zu bekommen, wie die Stimmungslage eingeschätzt wird. Sie können es in den Download-Ressourcen zu diesem Buch herunterladen (s. S. 9).

Bei diesem Feedback werden Zusammenarbeit, Arbeitsbelastung, Gestaltungsspielraum, Wertschätzung, Motivation, Dankbarkeit, Kommunikation und Führung abgefragt. Dazu kann ich als Führungskraft die Situation für mich selber reflektieren oder das gemeinsam mit meinem Team tun. Möglich ist auch, dass jeder im Team zunächst für sich reflektiert. Das Feedback kann helfen, Blockaden zu lösen und Lösungsmöglichkeiten zu sehen. Wenn Sie das Stimmungstacho regelmäßig nutzen, können Sie zudem ablesen, wie sich die Stimmung verändert.

Vorgehen

Für die nächste Teamsitzung in DIN A2 oder größer ausdrucken und zu Beginn abfragen. Zum digitalen Einsatz s. S. 103.

Am wirkungsvollsten ist der Stimmungstacho, wenn alle mit einem Strich die Situation zu den verschiedenen Bereichen für sich evaluieren und sich dann darüber austauschen. Jeder sollte einen Strich dort machen, wo er meint, dass es aus seiner Sicht passt. Sie als Führungskraft machen auch mit. Anschließend wird jeder Punkt einzeln besprochen und ggf. werden Verbesserungsmaßnahmen dazu sichtbar für alle aufgeschrieben.

Rahmen

Der Stimmungstacho kann mit anschließender Besprechung etwa 60 Minuten in Anspruch nehmen, je nach Situation im Team. Wird der Tacho häufiger angewendet, geht es schon mal etwas schneller.

GUTE GRUNDLAGEN FÜR DIE PICK-UP EVALUATION

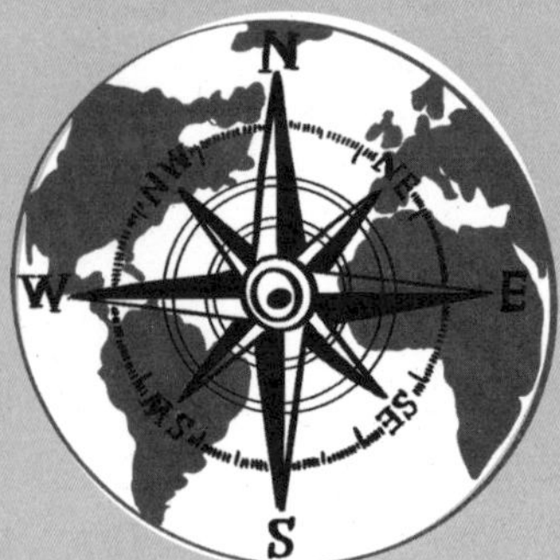

DIE UNTERNEHMENS-ZIELE SIND DIE BASIS FÜR DIE BEWERTUNG

MUT DER FÜHRUNGSKRAFT, GEMEINSAM MIT DEM TEAM AN DER ROLLE DER FÜHRUNGSKRAFT ZU ARBEITEN.

Was sollte die Feedback-Holende tun?

Wie bei allen Feedback-Arten ist die Feedback-Holende in der Frageposition. Schauen Sie dieses Mal bei Ihren Fragen weniger zurück, sondern eher in die Zukunft. Also lautet die Frage nicht: *„Welche Kriterien wurden für die Datenerhebung genutzt?“*, sondern die Fragen lauten:

- *„Was sind die Konsequenzen?“*
- *„Wie wirkt sich das auf unseren Bereich und auf meine Arbeit aus?“*
- *„An was sollte ich arbeiten?“*
- *„Was sollte ich neu denken?“*
- *„Worüber sollten wir uns Gedanken machen?“*
- *„Was müssen wir neu bewerten?“*

Wir lernen am meisten aus Feedback, das uns ins Handeln bringt.

STANDARD ---> TOOLS FÜR

DIGITALES PICK-UP FEEDBACK

- CHAT-FEEDBACK
- ABFRAGE-TOOL NUTZEN
- DIGITALES WHITEBOARD
- 4 AUGENGESPRÄCH

Feedback-Methoden digital einsetzen

Pick-up Feedback können Sie sich auch digital holen. Alle Arten von Feedback eignen sich dazu und viele Methoden können sowohl in Präsenz als auch digital angewendet werden.

Der einfachste Weg ist, eine Videokonferenz zu zweit zu nutzen, um Wertschätzungs-Feedback zu holen oder auch einen Ratschlag zu erfragen. Das Coaching kann ebenso gut über ein digitales Meeting erfolgen oder über Telefon. Wirksamkeitsstudien mit positiven Ergebnissen zeigen, dass Onlinetherapie viele Vorteile hat. Diese können auf das Pick-up Feedback übertragen werden.

Eine Evaluation über den Ablgeich von Zahlen und Fakten über den geteilten Bildschirm hat einen hohen Nutzen für Führungskräfte. Und auch beim Training on the Job können Sie zum Beispiel eine Präsentation sehr gut online üben und ein Feedback einholen. Zudem kann sich jemand, der Sie trainiert oder berät, so bei vielen unterschiedlichen Gelegenheiten und Meetings zuschalten, um Ihnen über Ihr Führungsverhalten Rückmeldung und Tipps zu geben.

Beim Methodeneinsatz während der Teamkonferenz sind, „Breakout Rooms" hilfreich, etwa für kurze Wertschätzungsduschen. Außerdem bietet es sich an, digitale Whiteboards zu benutzen – beispielsweise bei dem „Kudos-Board", den „Wertschätzenden Interviews im Team" und auch der „Retrospektive mit Wertschätzung". Hilfreich sind dafür auch Collaborative Tools *www.mural.com* oder *conceptboard.com*. Conceptboard wird in Deutschland gehostet und erfüllt die Datenschutznormen. Ich arbeite gern mit der *Google Jamboard*, die kostenfrei, einfach und niedrigschwellig ist, jedoch begrenzte Möglichkeiten zum Zusammenarbeiten bietet. Probieren Sie die Tools einfach mal aus.

Die digitalen Whiteboards können Sie mit den Arbeitspostern füllen, die Ihnen hier zum Download angeboten werden. Ebenso eignen sich im Team der Chat, Umfragefunktionen und Abstimmungs-Tools für Feedback. Es ist empfehlenswert, vorher einen kleinen Test im privaten Kreis zu machen, um mit den Funktionen vertraut zu werden.

UPGRADE

WIE WIRKT FEEDBACK?

WIR IRREN,

WEIL WIR NUR EINEN AUSSCHNITT DER WELT WAHRNEHMEN.

UND JEDER HAT IRGENDWIE RECHT.

„Rationalität ist ein Mythos"

Die meisten Feedbacks oder Rückkopplungen bekommen wir fast fortlaufend im Gespräch und über Mails etc. mit anderen (Mikro-Feedbacks). Über die Art und Weise, wie sich jemand uns gegenüber verhält, empfangen wir Signale, die wir versuchen, zu interpretieren – zum Beispiel, ob der andere uns zuhört oder nicht. Über seine Mimik und Gestik versuchen wir herauszufinden, wie er zu unserem Gesagten oder zu uns steht. Über die Art und Weise, wie er antwortet, analysieren wir wieder, in welchem emotionalen Zustand er ist, und warum er reagiert, wie er reagiert – aufgrund seiner Persönlichkeit, aufgrund der Situation oder aufgrund der Kultur. Auch wenn wir nichts sagen, sagt unsere Reaktion etwas. *„Wir können nicht nicht kommunizieren"*, wie es der Kommunikationswissenschaftler Paul Watzlawick ausgedrückt hat.

Die Basis für unsere Reaktion ist, dass unser Gehirn darauf programmiert ist, Situationen und Muster zu erfassen und zu bewerten, und zwar schnell. Bei der Vielzahl von Eindrücken und Informationen, die täglich auf uns einstürmen, scannt unser Gehirn permanent unsere Emotionen, die im Unbewussten ablaufen. Fragen wie „Ist die Situation gefährlich? Ungefährlich? Interessant? Uninteressant?" werden gestellt und schnell beantwortet. Einige der Emotionen lassen uns aufmerksam werden, wir nehmen sie als Gefühle wahr. Dass wir darauf programmiert sind, Situationen und Muster auf diese Weise schnell zu erfassen und zu bewerten, hat viele Vorteile.

Da aber jede Sache immer zwei Seiten hat, ist es auch bei dieser so. Die Schnelligkeit, mit der wir Situationen erfassen, birgt das Risiko einer Fehlinterpretation. Das betrifft auch ganz empfindlich das Geben und Empfangen von Feedback. Unser Gehirn funktioniert nach dem Ökonomieprinzip – mit möglichst geringem Aufwand (Zeit, Energie) ein für die meisten Lebenssituationen zufriedenstellendes Ergebnis zu erzielen. Dadurch

WIR SEHEN NICHT
DIE DINGE,
WIE DIE DINGE SIND.
WIR SEHEN DIE DINGE,
WIE WIR SIND.

Talmud

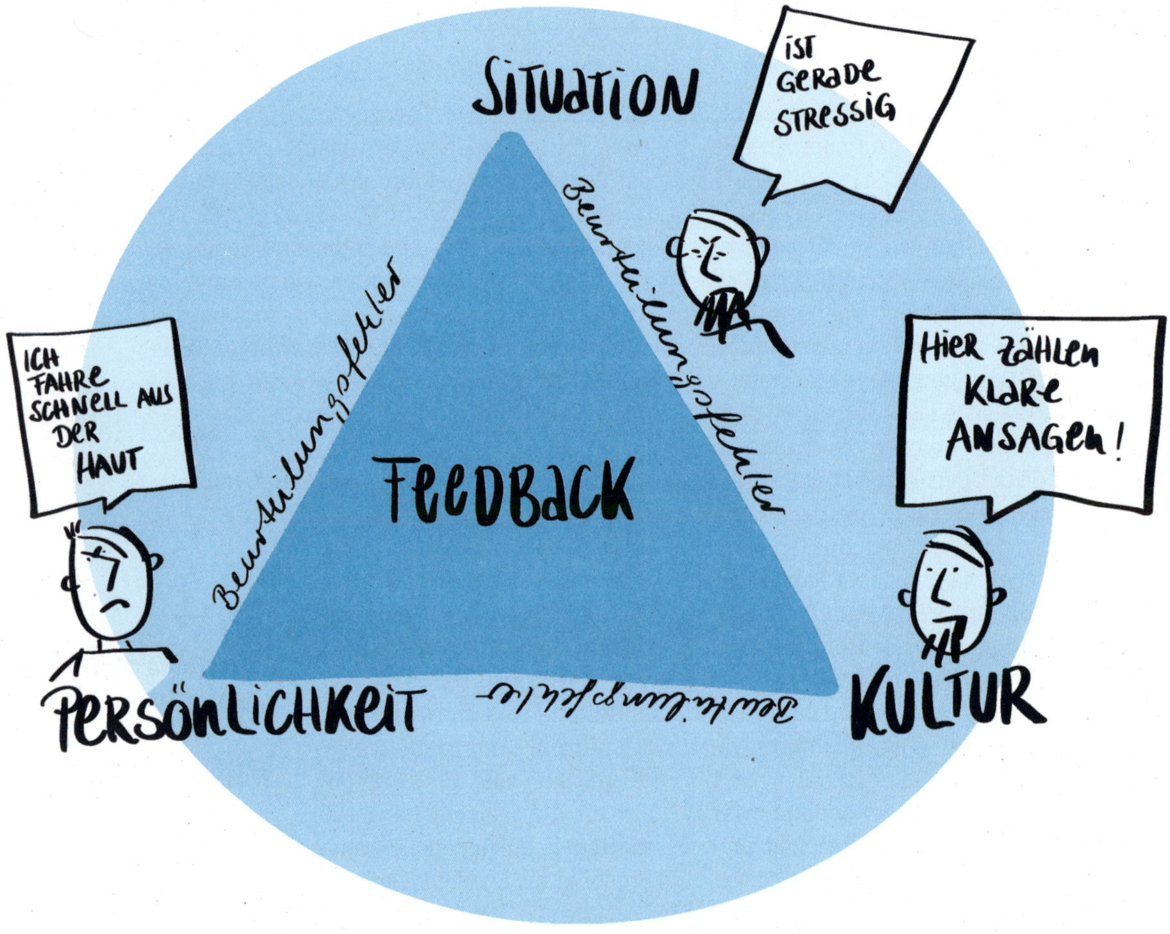
SITUATION
IST GERADE STRESSIG
HIER ZÄHLEN KLARE ANSAGEN!
ICH FAHRE SCHNELL AUS DER HAUT
FEEDBACK
Beurteilungsfehler
Beurteilungsfehler
Beurteilungsfehler
PERSÖNLICHKEIT
KULTUR

passieren Urteilsfehler häufiger, als uns bewusst ist. Jeder Feedback-Gebende neigt daher dazu, aus einer bestimmten Perspektive heraus eine Situation und/oder Person zu beurteilen. Dabei entstehen Fehler, die durch Gefühle, Wertvorstellungen, Wünsche, Erwartungen etc. beeinflusst werden. Auch fehlende Fachkompetenz, fehlendes Wissen und ein unperfektes Gedächtnis fließen in die Bewertung mit ein. Selbst bei bester Informationslage sind wir also selten so objektiv, wie wir es meinen. Die psychologische Forschung kennt mehr als zwei Dutzend Denkfallen und Wahrnehmungsverzerrungen. (Schaefer 2016). Und auch Reinhardt (2014) stellt fest: „Rationalität ist ein Mythos. ... Wir nehmen die Welt gemäß unserer Schemata und der damit verknüpften Bedürfnisse wahr und handeln entsprechend."

Wahrnehmungsverzerrungen

Denken Sie, Sie können sich besser in andere hineinversetzen oder besser kommunizieren als der Durchschnitt? Dann sind Sie nicht allein. In der Psychologie ist der sogenannte „Lake-Wobegon-Effekt" bekannt. Dieser bezeichnet die Tatsache, dass die Mehrheit der Menschen bestimmte eigene Kompetenzen für überdurchschnittlich hält. Zum Beispiel als Führungskraft oder Autofahrende. Dies ist eine „selbstdienliche" Verzerrung. Die meisten Manager denken, dass sie besser sind als ihre Kollegen. Hinzu kommt, dass die meisten Menschen ebenso überzeugt sind, ein überdurchschnittlich objektives Selbstbild zu haben. Also aufgepasst bei der Bewertung von uns und anderen. Wahrscheinlich stimmt sie nicht.

Gegen Wahrnehmungsfehler – von denen ich hier nur einige skizziere – können wir nur bedingt etwas tun. Da wir uns in der Regel schnell orientieren müssen, finden diese Fehler statt. Es ist jedoch gut, wenn wir uns dessen bewusst sind und mit mehr Demut und weniger Rechthaberei in Gesprächssituationen gehen. Hilfreich ist zudem, sich Zeit zu nehmen und zu reflektieren und nachzudenken, verschiedene Perspektiven einzunehmen und sich in Menschen hineinzu-

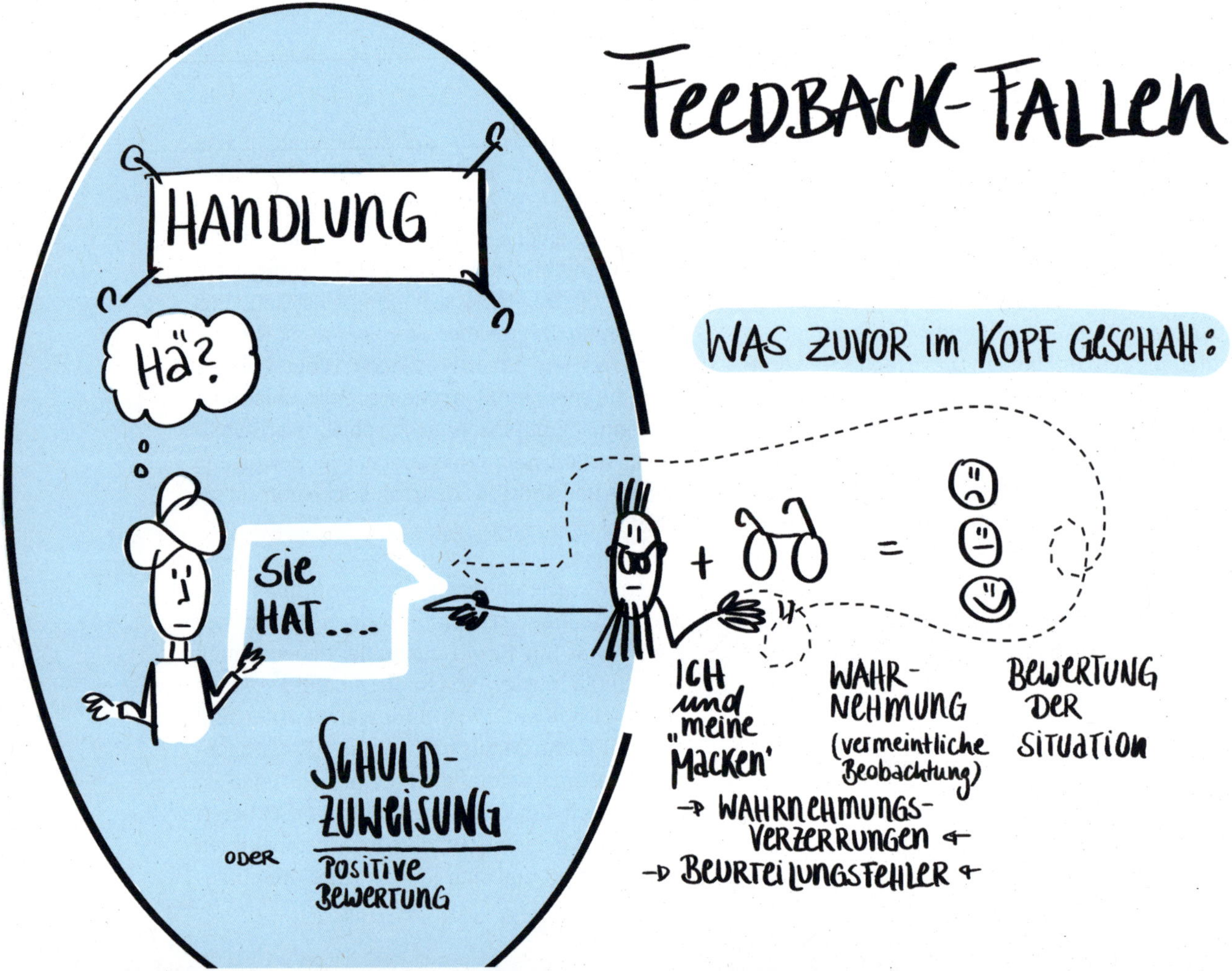
FEEDBACK-FALLEN
HANDLUNG
Hä?
Sie HAT ....
SCHULD-ZUWEISUNG
ODER
POSITIVE BEWERTUNG
WAS ZUVOR IM KOPF GESCHAH:
ICH und meine „Macken"
WAHR-NEHMUNG (vermeintliche Beobachtung)
BEWERTUNG DER SITUATION
→ WAHRNEHMUNGS-VERZERRUNGEN ←
→ BEURTEILUNGSFEHLER ←

versetzen. Typische Wahrnehmungsfehler zu kennen, kann dabei helfen, nicht mehr so stark auf sie hereinzufallen.

Das hier sind einige typische Wahrnehmungsfehler, die unsere Urteile verzerren:

- Personen, die uns ähnlich sind, beurteilen wir besser – oder sind gerade bei diesen strenger. („Similar-to-me-Effekt"),

- Sympathie oder Antipathie zu einer Person beeinflussen unser Urteil über ihre Leistung stark.

- Wir gehen davon aus, dass hierarchisch hochgestellte Menschen bessere Arbeitsergebnisse liefern als Personen auf einer niedrigeren Hierarchiestufe.

- Beim „Nikolaus-Effekt" oder auch „Rezenz-Effekt" wirkt sich aus, dass uns vor allem die letzten Ereignisse zu einer Person gut im Gedächtnis sind. Wir beurteilen aufgrund der zeitnahen Vergangenheit und beziehen uns nicht auf das Verhalten über einen längeren Zeitraum.

- Beim „Fundamentalen Attributionsfehler" sehen wir unser Können allein als Treiber für unseren Erfolg. Haben wir Misserfolg, dann waren die Umstände daran schuld. Bei anderen sehen wir es genau andersherum. Die anderen waren erfolgreich, weil die Umstände es zuließen. Bei deren Misserfolg trägt allein ihre Unfähigkeit daran Schuld (ganz schön unfair von uns).

- Und das „Maßstabsproblem" kennen wir, glaube ich, alle ganz gut. Es ist die Tendenz zur Mitte. Bei der Beurteilung von Menschen neigen wir dazu die mittelmäßige Bewertung abzugeben. Eine sehr gute oder schlechte Einschätzung müsste von uns aufwendiger begründet werden. Bei einer mittleren Bewertung entfallen oft Diskussionen. Gerade, wenn wir uns nicht sehr sicher sind, wählen wir die Mitte.

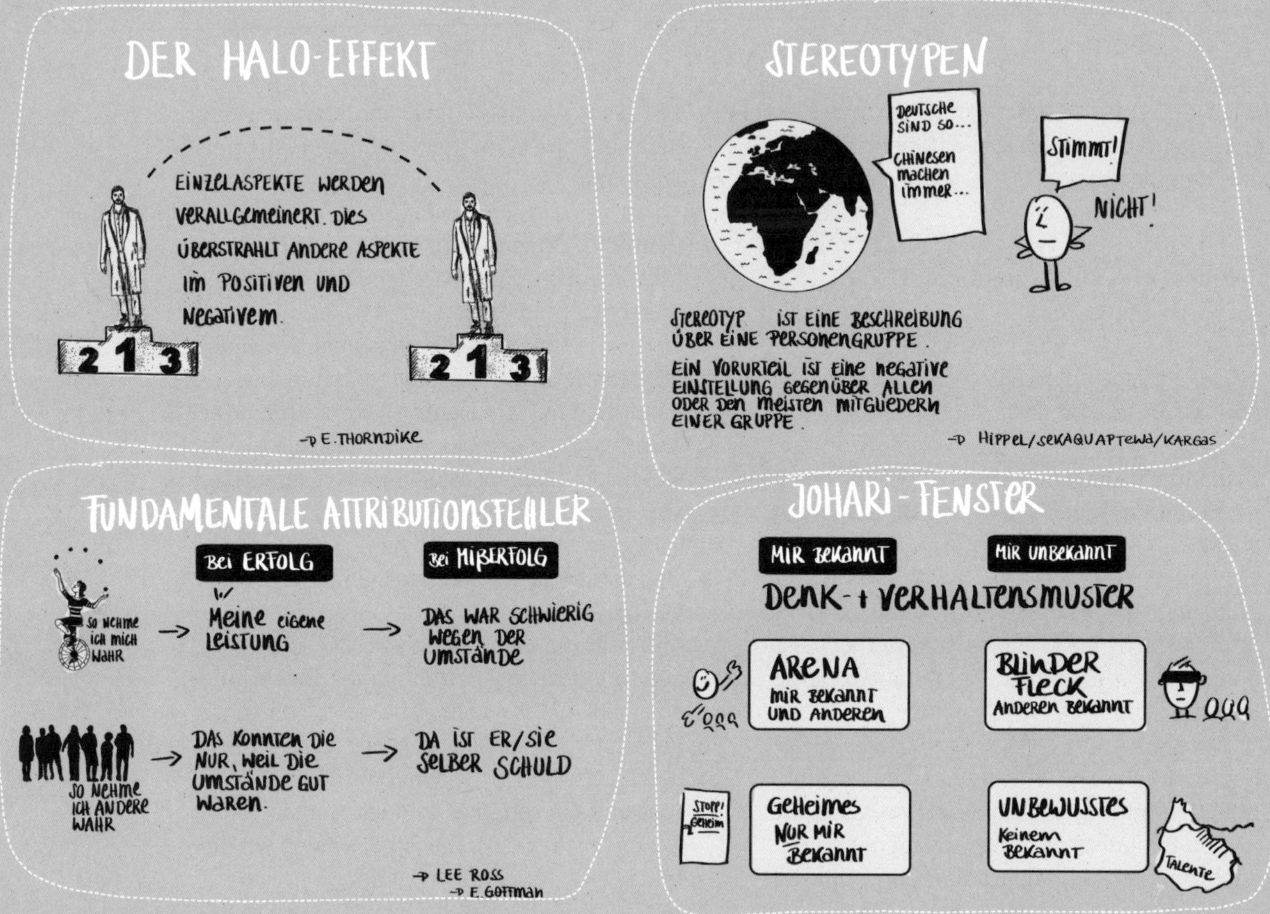
DER HALO-EFFEKT
EINZELASPEKTE WERDEN VERALLGEMEINERT. DIES ÜBERSTRAHLT ANDERE ASPEKTE IM POSITIVEN UND NEGATIVEM.
2 1 3
2 1 3
→ E. THORNDIKE
STEREOTYPEN
DEUTSCHE SIND SO...
CHINESEN MACHEN IMMER...
STIMMT!
NICHT!
STEREOTYP IST EINE BESCHREIBUNG ÜBER EINE PERSONENGRUPPE.
EIN VORURTEIL IST EINE NEGATIVE EINSTELLUNG GEGENÜBER ALLEN ODER DEN MEISTEN MITGLIEDERN EINER GRUPPE.
→ HIPPEL/SEKAQUAPTEWA/KARGAS
FUNDAMENTALE ATTRIBUTIONSFEHLER
BEI ERFOLG
BEI MIßERFOLG
SO NEHME ICH MICH WAHR
MEINE EIGENE LEISTUNG
DAS WAR SCHWIERIG WEGEN DER UMSTÄNDE
SO NEHME ICH ANDERE WAHR
DAS KONNTEN DIE NUR, WEIL DIE UMSTÄNDE GUT WAREN.
DA IST ER/SIE SELBER SCHULD
→ LEE ROSS
→ E. GOFFMAN
JOHARI-FENSTER
MIR BEKANNT
MIR UNBEKANNT
DENK- + VERHALTENSMUSTER
ARENA
MIR BEKANNT UND ANDEREN
BLINDER FLECK
ANDEREN BEKANNT
STOPP! GEHEIM
GEHEIMES
NUR MIR BEKANNT
UNBEWUSSTES
KEINEM BEKANNT
TALENTE

PRIMÄR-EFFEKT

DER ERSTE EINDRUCK eines Menschen WIRD HERANGEZOGEN, um SPÄTERES VERHALTEN EINZUORDNEN.

→ BREDENKAMP, J., WIPPICH, W.

REZENZ-EFFEKT / Nikolaus-Effekt

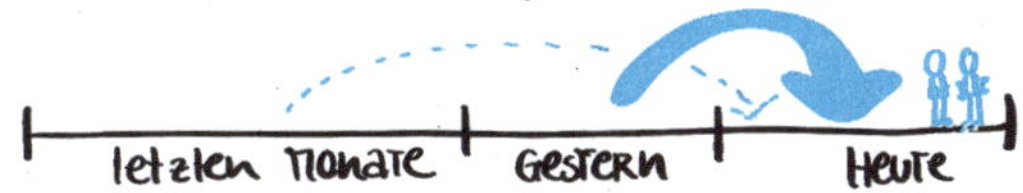

ERGEBNISSE / EREIGNISSE, DIE KURZ VOR DEM GESPRÄCH WAREN, WIRKEN STÄRKER ALS DIE EREIGNISSE, DIE LÄNGER ZURÜCK LIEGEN.

→ ATKINSON + SHIFFRIN

HIERARCHIE-EFFEKT

DIE PERSONEN, DIE IN DER HIERARCHIE HÖHER STEHEN, WERDEN IM DURCHSCHNITT BESSER BEWERTET ALS MITARBEITENDE IN UNTEREN HIERARCHIEEBENEN.

STRENGE-/MILDE-EFFEKT

MAN NEIGT DAZU, JEGLICHES VERHALTEN ALS NEGATIVES MERKMAL ZU WERTEN.

→ BENACHTEILIGUNG

MAN NEIGT DAZU, JEGLICHES VERHALTEN ALS POSITIV ZU WERTEN

→ BEVORZUGUNG

→ Kanning, U.P.

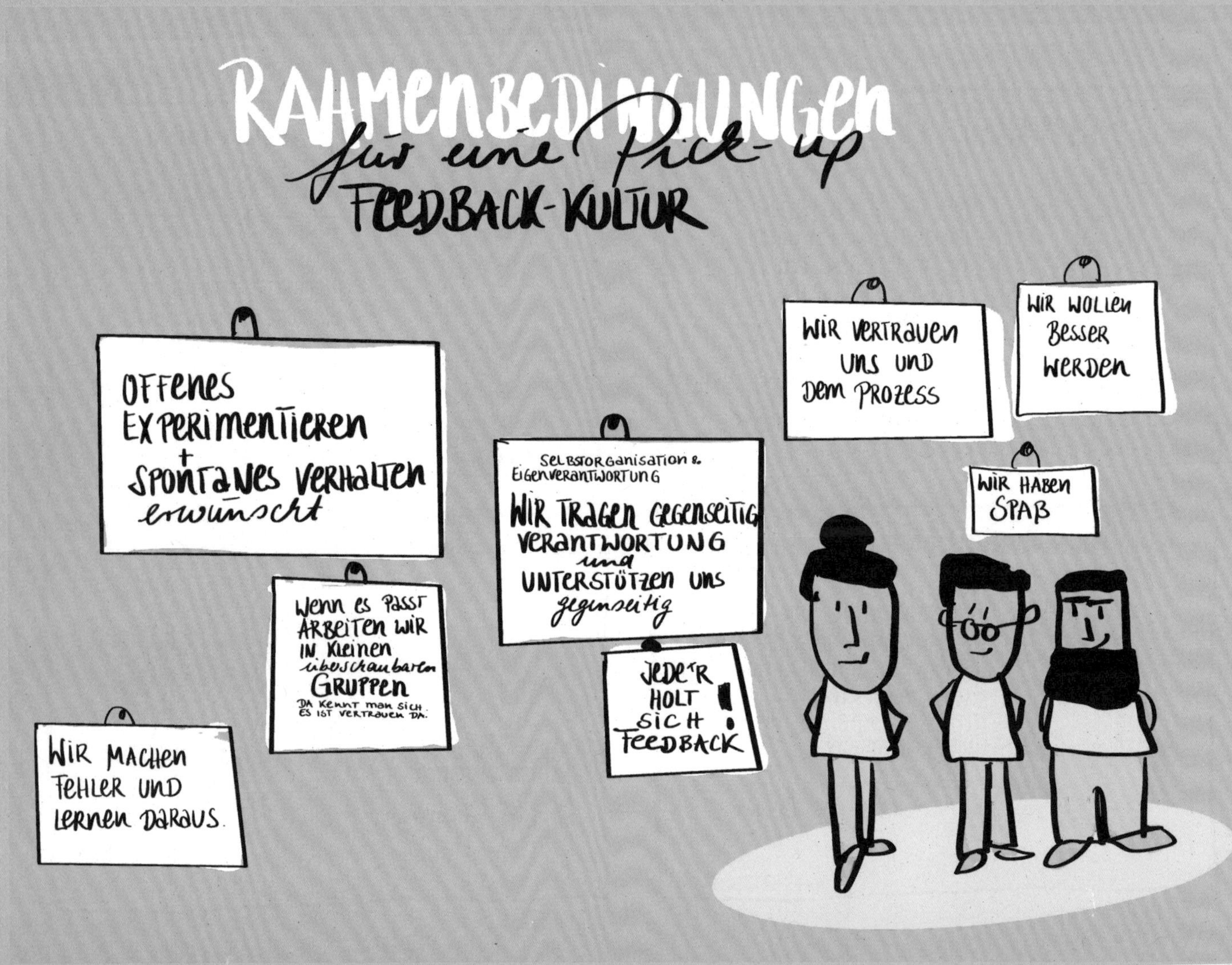
RAHMENBEDINGUNGEN
für eine Pick-up
FEEDBACK-KULTUR
OFFENES EXPERIMENTIEREN + SPONTANES VERHALTEN erwünscht
WIR VERTRAUEN UNS UND DEM PROZESS
WIR WOLLEN BESSER WERDEN
SELBSTORGANISATION & EIGENVERANTWORTUNG
WIR TRAGEN GEGENSEITIG VERANTWORTUNG und UNTERSTÜTZEN UNS gegenseitig
WIR HABEN SPAß
WENN ES PASST ARBEITEN WIR IN KLEINEN überschaubaren GRUPPEN
DA KENNT MAN SICH. ES IST VERTRAUEN DA.
JEDE*R HOLT SICH FEEDBACK!
WIR MACHEN FEHLER UND LERNEN DARAUS.

Fördernde Rahmenbedingungen schaffen

Wenn ich aus dem Feedback lernen möchte, dann muss ich wissen, unter welchen Rahmenbedingungen ich das Feedback gut aufnehmen kann. Zwar ist Lernen immer individuell, d.h., jeder muss für sich herausfinden, wie, wann und mit wem er am besten lernt. Doch es gibt ein paar Basics, die auf die meisten Menschen gleichermaßen wirken.

- **Die Beziehung zur Führungskraft – die Stimmung im Team**

  „Neueste neurobiologische Studien zeigen: Entscheidende Voraussetzungen für die biologische Funktionstüchtigkeit unserer Motivationssysteme sind das Interesse, die soziale Anerkennung und die persönliche Wertschätzung, die einem Menschen von anderen entgegengebracht werden." (Neurowissenschaftler Joachim Bauer).

  Der wertschätzende, interessierte Austausch mit Vorgesetzten und Kollegen – das gute Betriebsklima – ist extrem wichtig für die Lernmotivation. Führungskräfte können in Meetings und in Einzelgesprächen stetig daran arbeiten, eine Umgebung und Kultur zu entwickeln, die geprägt ist von einem wertschätzenden und wohlwollenden Umgang miteinander. Und von einer klärenden, fragenden Haltung auf Augenhöhe. Weil Führungskräfte oft Vorbild für Teams sind, beeinflussen sie die Stimmung untereinander stark. Daher ist es auch besonders wichtig, wie Führungskräfte Feedback handhaben.

- **Der Raum, die Umgebung**

  Das beste Feedback-Gespräch verliert seine Wirkung, wenn es zum Beispiel in einem Verhörraum stattfindet. Räume wirken auf unsere Psyche positiv oder negativ. Ich empfehle dazu die umfangreiche Metastudie „Raumpsychologie für eine neue Arbeitswelt" des Fraunhofer IAO (2019).

  Ein Spaziergang im Park ist oft eine gute Alternative zu einem Gespräch im Büro.

Das Entwicklungspotenzial

Was steckt in mir? Was könnte ich alles noch machen? Jeder hat ein großes Potenzial an Entwicklungsmöglichkeiten, wenn die Bedingungen stimmen. Wer ein Entwicklungsziel hat, etwa: *„Ich möchte ein bestimmtes Projekt leiten"*, hat eine höhere Lernbereitschaft und ist empfänglicher für Feedback, welches konstruktiv zum Ziel führt.

Unternehmen stehen verschiedene Hilfen zur Potenzialeinschätzung zur Verfügung: Das „California Psychological Inventory" (CPI) etwa erstellt mithilfe von fünf Klassen und 22 Skalen ein Gesamtprofil einer Person. Jede Potenzialeinschätzung kann Bildungsaktivitäten auslösen, um erkannte Stärken weiter auszubauen. Ebenso kann das Entwicklungspotenzial der Mitarbeiter durch Projektaufgaben angeregt werden.

Die Lebensumstände

Unsere Lebensumstände außerhalb der Arbeit beeinflussen ebenfalls unsere Lernmotivation. In schwierigen Lebensphasen tritt das Lernen und die kreative Weiterentwicklung im beruflichen Kontext für viele in den Hintergrund. In Unternehmen sollte eine Kultur herrschen, die darauf Rücksicht nimmt. Der Teamgedanke steht dann im Vordergrund, indem man sich gegenseitig hilft und aushilft. Gerade das macht ein gutes Betriebsklima aus und steigert die Lernmotivation in besseren Zeiten.

Formen des Lernens

Lernen ist individuell und jede Unternehmenskultur ist anders. Die Rahmenbedingungen, die Führungskräfte derzeit haben, sind daher unterschiedlich und auch die Maßnahmen, die ergriffen werden können, um ein gutes Lern- und Entwicklungsumfeld zu schaffen.

Die im Bereich der Wissensvermittlung sehr bekannt gewordene Vera F. Birkenbihl hat sich intensiv mit der Frage des gehirngerechten Lernens auseinandergesetzt. Ihre Arbeit zeigt Lernermöglichende Mechanismen auf. Die Mitarbeitenden sind bei dieser Form des Lernens in der Lage, eigene Strategien und Lösungen zu entwickeln. Und genau das kann ein gutes Ergebnis eines Feedback-Gespräches sein.

- **Neugierde/Fragen**: *„Bitte beschreib mal die Situation letztens ... mir ist da etwas aufgefallen, aber ich bin mir nicht sicher. Ich würde gerne deine Perspektive kennenlernen", „Warum hast du dich in der Situation so verhalten?"* (Hier lernt der Feedback-Gebende.)

- **Vergleichen**: *„Wie würdest du dich verhalten, wenn die Situation so und so wäre?"*

- **Sofortiges Feedback geben**: direkt in der Situation

- **Imitation**: *„Zeigst du mir mal, wie du das das gemacht hast? Darf ich dir mal zeigen, wie ich das machen würde?"*

- **Sinn suchen**: *„Macht das Sinn, wenn wir das so machen? Und warum? Und jetzt sag nicht, weil wir das immer so machen. Das gilt nicht."* Stellen Sie diese Sinn-Frage sowohl für sich alleine als auch in der Diskussion mit Ihren Mitarbeitenden. Halten Sie Ihre Mitarbeitenden an, ihrerseits Arbeitsprozesse zu hinterfragen oder auch Arbeitssituationen. Denn: Nichts muss so bleiben, wie es ist, wenn es besser geht, oder?

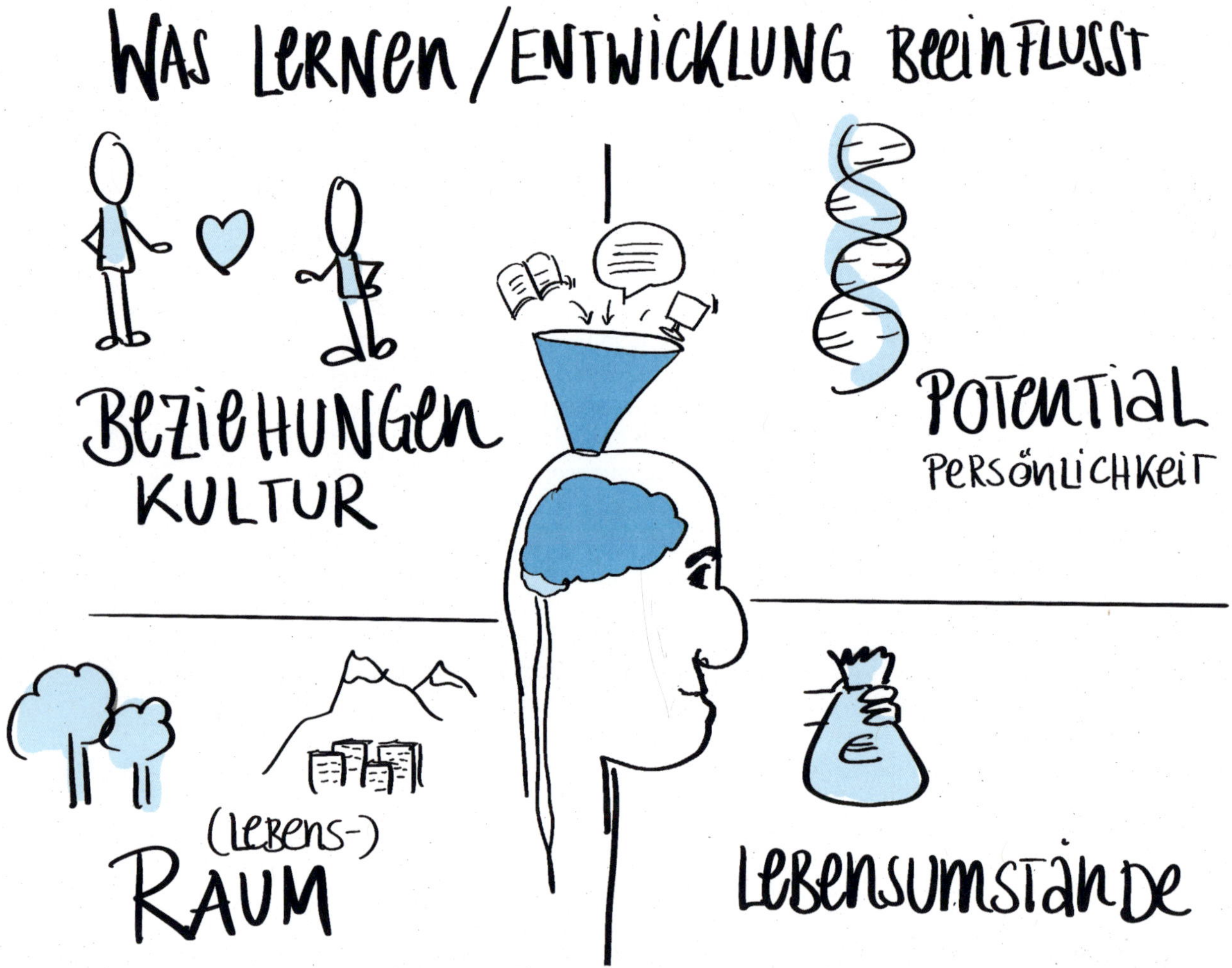
Was lernen / Entwicklung beeinflusst
Beziehungen
Kultur
Potential
Persönlichkeit
(Lebens-)
Raum
Lebensumstände

- **Bewegung**: *„Lass uns mal einen Spaziergang machen. Ich möchte gerne was mit dir besprechen."*
- **Kategorisieren**: *„Wenn wir jetzt nach unserem Gespräch etwas ändern wollten. Womit fangen wir an? Welche Kategorien würdest du wählen und wie würdest du die priorisieren?"*
- **Spieltrieb**: *„Wenn du das bist Mittwoch schaffst, dann laufe ich einen Tag in rosa Krawatte mit Tierprint rum ;-)."*

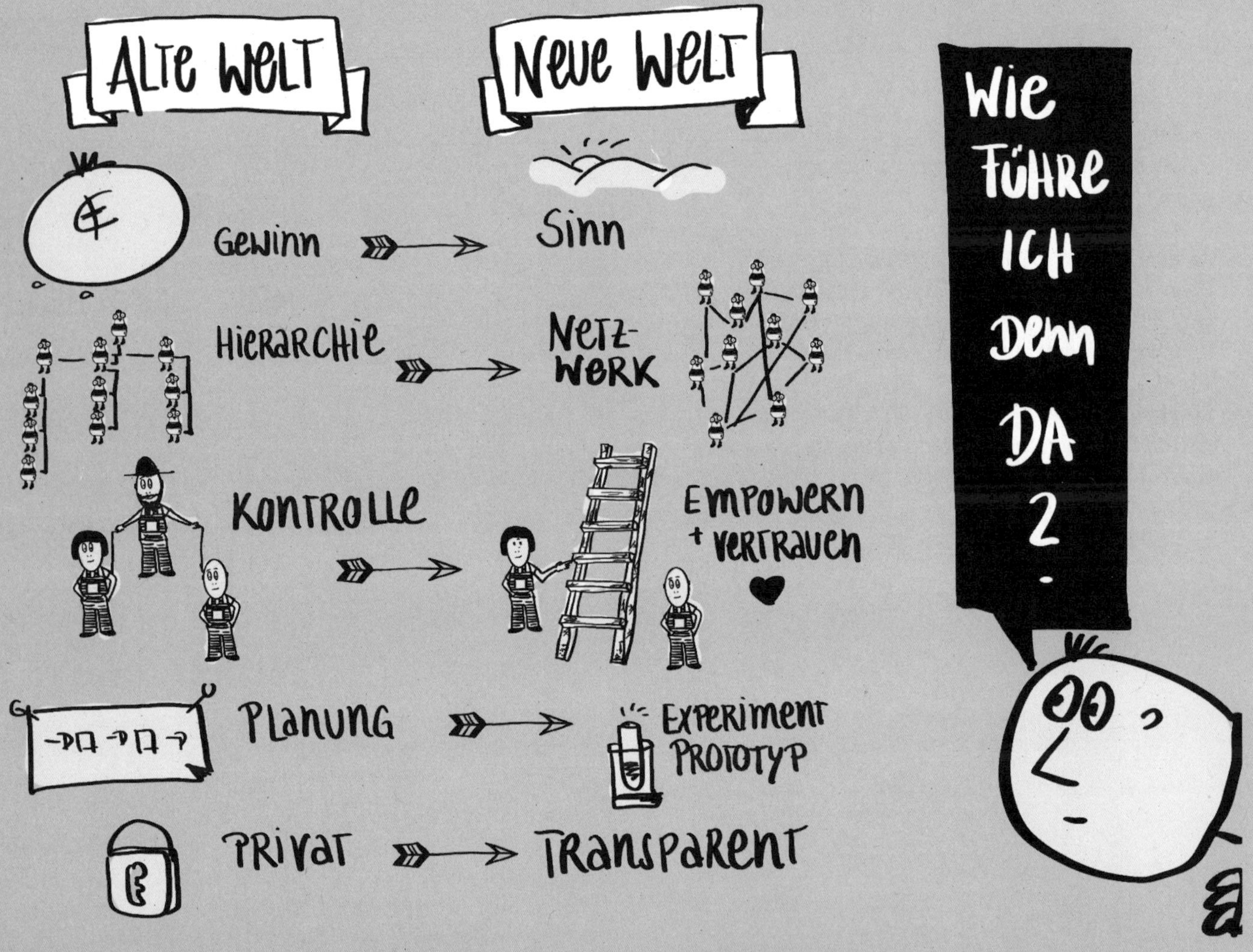

Alte Welt
Neue Welt
Gewinn
Sinn
Hierarchie
Netz-
werk
Kontrolle
Empowern
+ Vertrauen
Planung
Experiment
Prototyp
Privat
Transparent
Wie
führe
ich
denn
da
?

Eine neue Feedback-Kultur beginnen

In vielen Werken über Feedback wird Ihnen als Führungskraft vermittelt, wie Sie Mitarbeitenden Feedback geben können. Da sich Ihre Rolle als Führungskraft in einer zunehmend komplexeren Welt stark verändert, sind vor allem Sie es, dem oder der Feedback dabei hilft, in die neue Rolle hineinzuwachsen. Sie brauchen Feedback, um zu erfahren wie Sie Ihre Mitarbeitenden befähigen, mehr Problemlösungskompetenz aufzubauen, eigenverantwortlicher zu handeln und sich schneller auf Veränderungen einzustellen.

Exemplarisch kann das „Disorienting Dilemma" (nach Jack Mezirow) am Anfang stehen. Ein Beispiel für so ein Dilemma ist: *„Die Digitalisierung und andere Faktoren erwarten von mir eine veränderte Führungsrolle."*

Der nächste Schritt ist eine Selbstprüfung, bei der Sie sich fragen, ob Sie Ihren Mitarbeitenden z.B. neue Freiräume geben müssten, und ob Sie derzeit etwas falsch machen. Sie führen innerlich eine kritische Bewertung Ihrer Annahme durch und holen sich Ratschlag-Feedbacks ein. Sie suchen nach weiteren Optionen für Ihre neue Rolle, Beziehungen und Möglichkeiten zum Handeln und holen sich Feedback von Ihrem Team. Zum Beispiel durch die Methode FF-Kanban.

Probieren Sie die Umsetzung von Neuerungen aus und holen sich auch dazu Feedback.

Feedback-Kultur betrifft nicht nur Sie allein, sondern auch das Team. Was halten Sie davon, auch einen kleinen Workshop mit Ihrem Team zu machen und sich nur mit dem Thema Feedback zu beschäftigen? Fördern Sie die Selbstorganisation im Team und fragen Sie, wer den Workshop vorbereiten möchte. Unterstützen Sie Ihr Team bei den Vorbereitungen, um zu zeigen, dass Ihnen das Thema wichtig ist. Fragen Sie nach einem Feedback-Workshop regelmäßig in Teamsitzungen nach, wer Feedback zur Weiterentwicklung genutzt hat und berichten Sie von eigenen Erfahrungen.

Was beim Einführen der Feedback-Kultur bedeutsam ist

- **Dranbleiben**
  Holen Sie sich zu Beginn regelmäßig Feedback. Vielleicht planen Sie feste Termine? Nach wenigen Wochen hat sich schon eine Routine entwickelt und Sie können besser situativ entscheiden, wann Sie welches Feedback von wem brauchen.

- **Wohlwollen üben**
  Wir sind alle Menschen und haben unsere Stärken und Schwächen. Niemand ist perfekt und Diversität ist ein Wert an sich. Da wir alle unterschiedlich sind und unterschiedliche Potenziale haben, können wir Menschen nicht gleich behandeln oder von uns erwarten, dass wir selbst zu einem ganz anderen Menschen werden, als wir sind. Jeder kann sich jedoch im Rahmen seiner Möglichkeiten weiterentwickeln. Schauen Sie deshalb immer ein wenig mehr auf Ihre Stärken und die Stärken Ihrer Mitarbeitenden. Wer Stärken stärkt, fördert Engagement und Motivation und Glücklichsein. Und wer glücklich ist, ist leistungsfähiger, oder?

  Und falls es mit angestrebten Verhaltensänderungen nicht gleich klappt, üben Sie Nachsicht. Mit sich und anderen. Um neue Gewohnheiten anzulegen, brauchen wir oft mehrere Wochen.

- **Las-Vegas-Regel „What happens in Vegas, stays in Vegas"**
  Als Basis für eine vertrauensvolle Kommunikation ist diese Regel sehr wichtig und sollte auch immer wieder hervorgehoben werden. Wenn Feedback zwischen zwei Personen oder auch im Team stattgefunden hat, dann bleibt dies in genau diesem Kreis. Die Themen werden nicht weitererzählt, es wird ein Stillschweigen vereinbart. Feedback-Gespräche sind ein geschützter Raum.

Meine „Future-Führungs-Skills-Notizen"
Bei allen Feedbacks bekommen Sie Impulse, die für Ihre persönliche und berufliche Weiterentwicklung wichtig sind. Vielleicht mögen Sie die Antworten notieren? In ein Notizbuch,. in dem Sie Ihre Führungsstärken notieren und reflektieren?

Wenn Sie sich die Feedback-Gespräche notieren, sind Sie sich Ihrer Stärken bewusster und Sie nutzen diese häufiger. Sie können in diesem Buch Ihre Wahrnehmung (Eigenwahrnehmung) und die Wahrnehmung Ihrer Kollegen und Mitarbeitenden (Fremdwahrnehmung) ergänzen. Auch das ist oft erkenntnisreich.

Allgemeine Rahmenbedingungen für eine Kultur des Pick-up Feedbacks
Wenn Ihr Team Spaß hat, sich gegenseitig vertraut und unterstützt, dann sind das gute Voraussetzungen, damit eine offene Feedback-Kultur entstehen kann.

Wenn Sie schon diese Grundlagen haben, dann ist es relativ einfach, Pick-up Feedback zu etablieren.

In anderen Fällen entwickelt sich erst mit dem Pick-up Feedback eine Kultur des Vertrauens und der gegenseitigen Wertschätzung. Hier kann es eine Weile dauern, bis das Vertrauen aufgebaut ist. Ein mächtiger Hebel ist hierbei jedoch die Eigenverantwortung jedes Einzelnen. Denn jeder bestimmt ja selber, von wem er Feedback haben möchte und welches Feedback ihm jetzt nutzt. Eine gute Basis, um gemeinsam zu wachsen.

Quellen und Literatur

- *Beetz*, Jürgen (2016): Feedback. Springer Spektrum.
- *Brown*, Brene (2020): Die Gaben der Unvollkommenheit. Kamphausen Media.
- *Fengler*, Jörg (2017): Feedback geben. Beltz Verlag.
- *Friebe*, Jörg (2016): Reflektierbar. mangerSeminare Verlags GmbH.
- *Goetz*, Daniel; Reinhardt, Eike (2017): Führung: Feedback auf Augenhöhe. Springer Gabler.
- *Jöns*, Ingela; Bungard, Walter (2018): Feedbackinstrumente im Unternehmen. Springer Gabler Verlag.
- *Just*, Herbert (2014): Ratgeber „Klasse Stimmung! – 50 Methoden für ein gelingendes Miteinander und eine positive Lernatmosphäre in der Schule", Verlag an der Ruhr.
- *London*, Manuel (1997): Job Feedback: Giving, seeking and using feedback for performance improvements. New Jersey.
- *Rosenzweig*, Phil (2008): Der Halo-Effekt. Gabal Verlag.
- *Negri*, Christoph (2019): Führen in der Arbeitswelt 4.0. Springer Verlag.
- *Petersen*, L.-E.; Dietz, J. (im Druck): Die Bedeutung von Stereotypen und Vorurteilen für das Diversity Management. In: Becker, M. & Seidel, A. (Hrsg.), Diversity: Unternehmens- und Personalpolitik der Vielfalt. Rainer Hamp Verlag.
- *Stone*, Douglas; Been, Sheila (2015): Thanks for the Feedback. The Science and Art of Receiving Feedback Well. Penguin Books Ltd.
- *Kanning*, Uwe P. (1999): Die Psychologie der Personenbeurteilung. Hogrefe Verlag.
- *Werkmann-Karcher*, Birgit (2019): Performance Management und Performance Feedback in der Arbeitswelt 4.0. In: Christoph Negri (Hrsg.) Führen in der Arbeitswelt 4.0. Springer Verlag.

Links

- Jeffrey, Scott (2017): How to Adopt a Beginner's Mind? to Improve Learning and Creativity. In: *scottjeffrey.com/wp-content/uploads/2017/05/Beginners-Mind-Guide-Scott-Jeffrey.pdf*, abgerufen am 15.7.2020.
- *Petersen*, Lars-Eric; Dietz, Jörg (2006): Die Bedeutung von Stereotypen und Vorurteilen für das Diversity Management. In: *www.researchgate.net/profile/Lars-Eric_Petersen/publication/260226241_Die_Bedeutung_von_Stereotypen_und_Vorurteilen_fur_das_Diversity_Management/links/0a85e53037202a3afb000000/Die-Bedeutung-von-Stereotypen-und-Vorurteilen-fuer-das-Diversity-Management.pdf*, abgerufen am 9.1.2010.
- *Rose*, Nico: Wie Feedback funktionieren kann. In: *https://www.buchreport.de/news/hr-wie-feedback-funktionieren-kann/*, abgerufen am 19.3.2020.
- *Stangl*, Werner (2021): Lake-Wobegon-Effekt. In: Online Lexikon für Psychologie und Pädagogik: *lexikon.stangl.eu/4587/lake-wobegon-effekt/*, abgerufen am 01.5.2021.
- *Trost*, Armin (2020): Feedback. Arbeits- und Organisationspsychologie. Podcast vom 10. Januar 2020. *armintrost-aop.podigee.io/*, abgerufen am 7.5.2021.
- *www.personalmanagement.info/hr-know-how/glossar/detail/beurteilungsfehler/*, abgerufen am 10.7.2020
- *www.spektrum.de/lexikon/psychologie/urteilsfehler/16078*, abgerufen am 10.7.2020
- *wikipedia.org/wiki/Attributionsfehler#cite_note-10*, abgerufen am 10.7.2020.
- *wikipedia.org/wiki/Primäreffekt*, abgerufen am 10.7.2020.
- *wikipedia.org/wiki/Rezenzeffekt*, abgerufen am 10.7.2020.

Vielen Dank

Dieses Buch möchte Ihnen Mut machen, Feedback weiter zu denken als bisher. Einige Themen sind hier nur kurz angerissen und zu vielen Methoden könnte ich noch viel mehr schreiben, doch das ist nicht das Format dieser Reihe. Die Impulse sollen Ihnen einen Anstoß geben und dazu einen kleinen Überblick über das vermitteln, was noch alles möglich ist. Vertiefen Sie gerne das ein oder andere mithilfe weiterführender Literatur.

Ganz herzlich danken möchte ich an dieser Stelle meiner Lektorin Vera Sleeking, die die Gabe hat, meinen Kopf zu sortieren, eigene wertvolle Hinweise zu geben und die Ideen zu strukturieren. Mario Leupold und Albrecht Buchheister möchte ich für ihr Feedback im Sommer 2020 danken, welches mich ermutigt hat, an dem Thema Feedbackholen weiter zu denken. Und dann gab es in dem Pandemie-Jahr noch die vielen Spaziergänge mit meinem Mann Jochen, dem ich für sein gutes und kritisches Zuhören danken möchte.

Und was fehlt jetzt noch? Ihr Feedback! Wenn Sie mögen, können Sie mir gerne Feedback (Wertschätzung, Ratschlag oder ein gutes kritisches Gespräch) zu diesem Feedback-Buch geben. Ich würde mich sehr darüber freuen.

Kontakt:

Tanja Föhr
Agentur für
Innovationskulturen

- *www.tanjafoehr.com*
- *hallo@tanjafoehr.com*

Feedback Holen
Welches Feedback hilft mir weiter?
Learning Agility...
is finding yourself in a new position and not knowing what to do... but figuring it out.
Q: Trainingindustry
Heraus-Forderung
Die 5 Feedbacks
▲ Training on the Job
▲ Wertschätzung
▲ Ratschlag
▲ Coaching
▲ Evaluation